홍차의 거의 모든 것

홍차의 거의 모든 것

초판 1쇄 발행   2014년 2월 15일
초판 5쇄 발행   2019년 8월 20일

지은이   하보숙 · 조미라
편집   한정윤
디자인   디자인가게 싱타 고희선
사진   김학리 · 하보숙
일러스트   강혜원
펴낸이   정갑수

펴낸곳   열린세상
출판등록   2004년 5월 10일 제300-2005-83호
주소   06691 서울시 서초구 방배천로 6길 27, 104호
전화   02-876-5789
팩스   02-876-5795
메일   open_science@naver.com

ISBN   978-89-92985-30-7 (13590)

열린세상은 열린과학 출판사의 실용 · 교양 브랜드입니다.

홍차의 거의 모든 것

Almost Everything of the Tea

하보숙·조미라 지음

열린
세상

늦은 밤 침대에 들어가기 전 몸을 따뜻하게 해주는 한잔의 홍차,
차가 전해주는 소박하고 다정한 행복입니다.

2 홍차와 문화

들어가며

우리는 차 하면 녹차를 떠올린다. 하지만 세계인이 가장 많이 마시는 차는 홍차다. 동양에서 서양으로 건너갔던 홍차가 서양에서 화려한 차문화를 꽃피우고, 다시 전 세계인의 음료로 등장했다.

1980년대까지 우리나라는 녹차보다 홍차를 더 많이 생산했다. 60~70년대 어느 다방에서 각설탕이 곁들여진 홍차를 즐겨 마셨던 기억을 가진 분들도 있을 것이다. 그러나 오늘날 대부분의 사람들이 처음 홍차를 접하는 것은 자판기에서 만나는 홍차 향을 넣은 아이스티거나, 립톤이나 트와이닝스의 티백일 것이다. 그리고 커피를 마시러 간 카페에서 다즐링이나 아삼 또는 우바 등의 메뉴를 발견하고 생소하게 느낀 사람도 있었을 것이다.

홍차의 매혹적인 붉은색과 향기는 다시 우리 일상으로 들어왔다. 현대인이 원하는 건강과 힐링을 가져다주는 최고의 음료이기 때문이다. 유명 백화점에서는 세련된 디자인의 차통에 든 세계 명품 홍차를 판매하고 있고 인도나 스리랑카, 중국 등 유명 홍차 산지의 다원별 홍차를 선보이는 홍차 전문점도 늘어나고 있다. 세계 명품 도자기 회사의 티세트도 쉽게 찾아볼 수 있고 우리나라 도자기 회사와 도예가들도 홍차를 위한 아름다운 티세트를 선보이고 있다. 홍차 전문 티룸에서 독특한 개성을 가진 스콘, 케익, 크로와상, 마카롱 등 달콤하고 고소한 티푸드가 곁들여진 홍차 한잔으로 한가한 오후의 여유를 즐긴다.

언제 어디서나 가볍게 즐길 수 있는 티백 홍차에서 꽃과 과일 향이 가득한 플레이버티, 그리고 화려한 찻잔을 더욱 빛나게 하는 고급 빈티지 홍차까지, 이제 홍차를 나의 일상으로 맞이해 보자.

우선 홍차에 대한 기초지식을 알아두면 좋은 홍차를 고르는 안목이 높아질 것이다. 그리고 이 책에서 소개하는 다양한 홍차 우리는 방법을 익혀보자. 홍차가 가진 매력을 최대한 끌어낼 수 있는 나만의 한 잔을 만들 수 있을 것이다. 또 각 산지별 홍차의 특성을 살펴보고 홍차에 얽힌 역사와 문화, 흥미로운 에피소드를 찾아보는 것도 홍차와 함께하는 시간의 특별한 즐거움이 될 것이다.

1

Tea Life 티 라이프

차나무에서
홍차가 만들어지기까지

홍차는 무엇으로 어떻게 만들어진 것일까?
녹차나 오룡차와는 무엇이 디른 것일까?
내가 가진 홍차의 특성은 무엇일까?
차 한잔의 여유와 즐거움을 선사하는
홍차의 탄생과정을 들여다 본다.

차는 차나무 잎으로 만든다

우리가 즐기는 차의 원재료는 차나무의 잎사귀이다. 흔히 홍차나무와 녹차나무가 따로 있을 것이라고 생각하기 쉽지만 홍차, 녹차, 오룡차 모두 차나무 잎으로 만든다. 식물학 상으로 본 차나무는 동백과에 속하는 상록수로 학명은 카멜리아 시넨시스Camellia Sinensis (L.) O. Kuntze이다.

차나무의 원산지는 중국 운남성 부근, 티베트 산맥의 고지와 중국 남동부 사이로 알려져 있고, 남위 30도 북위 40도 사이의 열대, 아열대지역에 광범위하게 분포되어 있다. 현재 중국, 인도, 스리랑카, 아프리카, 동남아시아, 대만, 한국, 일본 등을 중심으로 세계각지에서 재배되고 있다. 생육조건은 연평균 14~16℃, 최저기온 −5~6℃, 연간 강수량이 1500밀리 전후이며, 밤낮의 일교차가 큰 고원지대에서 향이 좋은 고품질 차가 난다.

다원에서는 찻잎을 따기 쉽게 하기 위해 1미터 정도의 높이로 가지치기하여 새로 돋아나는 잎을 채취하고 있지만, 자연에서 자생하는 차나무는 10미터 이상 되는 큰 나무도 많다.

차나무 품종

차나무의 품종은 크게 아삼종과 중국종으로 나뉜다. 아삼종은 인도종이라고 불리는데, 끝이 뾰족하고 잎이 큰 것이 특징이다. 잎의 표면에는 요철이 있고 섬유질이 거칠다. 인도의 아삼지방, 닐기리지방, 스리랑카 등 홍차 명산지에서 폭넓게 재배하고 있다.

중국종은 아삼종에 비해 잎이 작고, 끝이 둥근 것이 특징. 잎의 표면은 윤이 나고, 아삼종보다 짙은 녹색이다. 대표적인 산지는 중국의 기문지방, 인도의 다즐링지방, 대만, 한국, 일본 등으로 추위에 강하다.

아삼종
Camellia sinensis var. assamica

12~15cm

4~5cm

중국종
Camellia sinensis var. Sinensis

6~9cm

3~4cm

대부분 홍차를 만든다. 잎의 크기가 중국종의 두 배나 되며 표면에 요철이 있고 섬유질도 거칠다. 잎의 끝이 뾰족하고, 색은 연한 녹색. 추운 지방에서는 자라지 못하는 열대산이다. 열대의 강한 햇볕을 받아 홍차 특유의 떫은맛을 내는 타닌이 생성된다.

잎의 표면에 윤이 나고 인도종의 반 정도 크기이다. 색이 진하고 끝부분이 둥글다. 추위에 강하다. 녹차를 만들기에 적합한 중국종 차나무로도 홍차를 만드는데, 다즐링, 기문 등의 고품질 홍차가 이 중국종 차나무로 만들어진다.

＊ 클로날 Clonal
중국종과
아삼종의 교배종

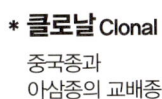

찻잎의 크기

찻잎의 크기에 따라 대엽종, 중엽종, 소엽종으로 나눈다. 중국 동남부, 한국, 일본, 대만에서는 주로 잎이 작은 소엽종이, 인도와 중국 남부에서는 대엽종이 재배된다. 추위에 강한 온대종인 중국계 차나무는 녹차를 만들기에 적합하다. 열대종인 아삼계는 추위에는 약하지만, 강렬한 직사광선을 흡수하여 멜라닌 함유량이 많고, 산화발효가 잘되는 큰 잎이므로 홍차용으로 적합하다.

차나무의 성장과정

1_ 번식 Propagation

발아(유성번식)

씨앗을 발아시켜 모종을 만드는 방법. 씨앗을 파종 후 볏짚을 덮어준다. 3~5개월 후 싹이 올라오면 차단막을 만들어 강렬한 일광으로부터 보호한다.

모종(무성번식)

꺾꽂이로 뿌리를 내리게 하는데, 발아시키기 보다 편리한 번식법이지만 질병에 약하다. 9개월 후 밭으로 옮겨 심는다.

1, 2 발아(유성번식)
3 모종(무성번식)
4, 5 묘목
6 이식
7 이식된 묘목

2_ 묘목 Seedling

수분, 토양과 온도 등 일정한 조건을 만들어서 묘목을 길러낸다.

3_ 이식 Transplantation

묘목이 어느 정도 자라면 밭으로 옮겨 심는다. 5년 후 본격적인 수확이 가능하다.

4_ 수목 Tree

보통 30년에서 50년 동안 좋은 찻잎을 생산할 수 있다.

50년 후에는 나무를 뽑고 그 자리에 레몬글라스를 심어 2년간 키운 후 잘라서 토양에 영양분을 주는 퇴비로 사용한다.

오래된 차나무 뿌리   레몬그라스

5_ 가지치기 Pruning

가지치기를 하여 찻잎의 생산량과 가짓수를 늘린다.

라이트 플루닝 light pruning
찻잎 생산량을 늘리기 위해 1~2년에 한 번 수확이 끝날 시기에 가볍게 한다.

딥 플루닝 deep pruning
5년에 한 번씩 차나무의 가지를 쳐내서 차나무를 재생시킨다.

스텀핑 Stumping
차나무가 50년 이상이 되면 뿌리 윗부분을 잘라주는데, 이 나무에서 다시 찻잎을 생산하는 데는 몇 년의 시간이 걸린다.

Tip

유기농법

소똥과 흙, 바나나나무를 섞어서 산화발효시키면 자연 번식한 지렁이에 의해 미네랄이 풍부한 질 좋은 퇴비가 만들어진다. 이 천연 비료를 차나무 주위에 뿌려 토질을 개선하고 수분유지 능력을 증가시켜 토양을 침식으로부터 보호할 수 있다.

홍차, 녹차 & 오룡차와 어떻게 다른가

차는 어떤 종류가 있으며, 그 중 홍차는 어떻게 분류하는지 알아보자.

차를 분류하는 방법은 여러 가지가 있다. 녹차, 오룡차, 홍차와 같이 제다법에 따라 분류하는 것이 가장 일반적이다. 홍차는 아삼, 실론, 다즐링, 케냐 등과 같이 생산지명으로 분류하기도 하고, 스트레이트Straight, 블렌딩Blending, 플레이버Flavoured로 차에 향을 첨가하거나, 블렌딩 여부에 따라 분류하기도 한다. 그리고 홍차의 제조법을 기준으로 기존의 정통적인 방법인 오서독스Orthodox와 현대적인 방법인 CTC로 나눌 수 있다.

제다과정의 산화 정도에 따른 분류

제다법의 차이에 따라 크게 녹차, 오룡차, 홍차 세 가지로 나누는데, 식물학 상으로는 같은 차나무로 만든다. 그러나 분명 세 종류의 차는 다른 맛과 향을 지닌다. 이 차이는 바로 찻잎을 얼마나 산화시키느냐에 따라 생긴다. 같은 찻잎이라도 이 산화의 정도에 따라서 맛과 향이 완전히 다른 차가 된다.

홍차의 발효는 미생물에 의한 발효가 아니라 생엽生葉을 딴 후, 산소와 접하게 하여 사과가 공기를 접하고 변색하는 것과 같은 산화를 일어나게 만드는 것을 말한다. 그 결과 찻잎이 누런 갈색에서 흑갈색으로 변하므로 블랙티라고 불리는 차가 된다. 녹차는 채취한 생엽을 산화시키지 않고 바로 찌거나 건조시켜서 녹색을 간직한다. 오룡차는 그 중간적인 처리로 홍차가 되기 전에 산화발효를 중지시킨 것이다.

홍차는 완전발효차로 분류되지만, 다즐링이나 누와라엘리아 등 고산지대의 봄 차(퍼스트 플러시)는 산뜻하고 파릇파릇한 색과 향을 얻기 위해서 아주 짧은 시간 산화과정을 거쳐 바로 건조시켜버린다. 그러므로 홍차지만 마치 백차나 녹차와 같은 색상을 가지며 맛의 변화도 빨라서 장기간 보관이 어렵다.

중국, 아시아를 중심으로 녹차, 오룡차 문화가 발달하였고, 유럽, 미국, 러시아 등에서는 블랙티를 중심으로 한 홍차문화가 발달했다. 취향의 차이뿐만 아니라 식생활이나, 기상여건을 비롯한 여러 조건에 의해 오랜 역사 속에서 적응하며 선택된 것이라고 할 수 있다.

녹차	녹차 탕색	녹차 우린 잎
오룡차	오룡차 탕색	오룡차 우린 잎
홍차	홍차 탕색	홍차 우린 잎

 산지에 따른 홍차의 분류

산지의 환경과 기후 조건이 홍차의 특성을 만들어 낸다.

　수없이 많은 종류의 홍차가 가진 매력을 최대한 살리기 위해서 가장 먼저 알아두어야 하는 것이 산지별 홍차의 특징이다. 주요 홍차의 산지인 중국, 대만, 인도, 스리랑카, 인도네시아, 아프리카 등의 대표적인 홍차는 무엇이 있으며 어떤 특성을 가지는지 알아두자.

산지	이름		특성
	한글	영문	
인도	다즐링	Darjeeling	신선하고 상쾌한 맛과 깊고 풍부한 머스캣포도향
	닐기리	Nilgiri	진하고 상쾌한 맛과 우아한 향
	아삼	Assam	강한 맛과 몰트molt향
스리랑카	누와라엘리아	Nuwara Eliya	산뜻하고 향긋한 꽃, 과일, 풀향
	딤블라	Dimbula	깔끔한 떫은맛과 장미향
	우바	Uva	상큼하고 감미로운 박하(멘솔)향
	캔디	Kandy	떫은맛이 적고 부드러운 향
	루후나	Ruhuna	진하고 깊이 있는 맛과 스모키향
중국	기문(祁門)	Keemun	꿀처럼 달콤한 풍미, 난향
	정산소종(正山小鐘)	Lapsang Souchong	스모키한 향, 단맛
	윈난(滇紅)	Yunnan	감미롭고 달콤한 맛
대만	홍옥(紅玉)	Hongwe	깊은 맛, 육계향
인도네시아	자바	Java	마일드한 맛과 향
아프리카	케냐	Kenya	강하고 깔끔한 풍미, 신선한 난향

UNIT 3

홍차, 어떻게 만들어지나

| A | 정통적인 제다법

찻잎을 따서 일정시간 두어 시들린 후 문지르면 즙이 나온다. 이것이 산소와 접촉하면 산화작용을 촉진시키는 산화효소가 나온다. 찻잎을 산화시킨 다음 건조하는 것이 홍차를 만드는 과정이다.

오늘날 기계화된 인도나 스리랑카의 홍차공장에서는 생엽이 홍차가 되기까지 16~18시간 정도 걸린다. 그러나 지금도 홍차를 만들기 위한 차따기는 대부분 손으로 이루어지고 있다. 우리가 쉽게 구할 수 있는 홍차는 남국의 다원에서 사람의 손으로 하나씩 따서 소중하게 만든 귀한 것이다.

1_ 찻잎 따기 Plucking

일정한 크기의 찻잎을 딴다. 찻잎의 크기가 일정하지 않으면 시들리기(위조 萎凋)나 건조 과정에서 수분 함량이 균일하지 않아 고품질 차를 생산하기 어렵다. 전통적인 찻잎 채취는 일일이 손에 의해 이루어지며, 하나의 줄기에 싹과 두 장의 찻잎이 붙은 상태인 '일창이기一槍二旗'를 채취한다.

찻잎 따기 Plucking

2_ 찻잎 시들리기 Withering

공장으로 옮겨진 찻잎은 제다를 위한 첫 단계인 찻잎 시들리기, 즉 위조 공정에 들어간다. 큰 직사각형 나무통 속 3분의 2의 높이에 금속 망을 펴고, 그 아래로 바람이나 온풍을 통과시키는 구조로 되어 있는 위조통에 차를 넣어둔다. 생엽을 30센티 정도의 두께로 평평하게 쌓아 올리고 수분이 증발하면서 서서히 시들게 한다.

찻잎의 수분이 40~50퍼센트 증발할 때까지 보통 8~14시간 송풍시킨다.

찻잎 시들리기 Withering

3_ 찻잎 비비기 Rolling

시들린 찻잎을 비비는 것을 유념이라고 한다. 유념을 하면 찻잎의 세포나 조직이 터져 엽즙이 나오는데, 엽즙 속의 산화효소인 폴리페놀화합물, 펙틴, 엽록소 등이 산소를 접하면서 산화가 시작된다.

유념이 끝나면 로터반Rotorvane이라 불리는 덩어리를 만드는 기계에 통과시킨다. 금속 통 속에 로터식 이빨이 들어 있어서 찻잎을 가늘게 잘라 보다 많은 엽즙이 나오게 하여 산화발효를 촉진시킨다. 덩어리 상태가 된 찻잎을 경사진 미끄럼틀 같은 철망이 붙은 동력에 의해 상하 좌우로 흔들어 주는 기계에 넣어 풀어준다. 찻잎 전체가 산소와 접촉해야 원활한 산화발효를 하기 때문이다.

찻잎 비비기 Rolling

4_ 산화발효 Oxidation Fermentation

녹색의 찻잎을 산화발효를 통해 붉은색으로 변한다. 산화발효에는 자연발효와 강제발효가 있다. 자연발효는 유념한 찻잎을 발효대나 타일을 펼친 평상, 또는 테이블 위에 4~5센티 두께로 쌓아두어 공기와 접촉시키는 방법이다. 산화발효를 촉진하기 위해서는 25도의 실온에서 80~90퍼센트의 습도를 주어 20분에서 3시간 사이의 시간이 필요하다. 강제발효는 타일을 깐 평상 아래에 전열기를 설치하여 온도를 높여 산화발효를 촉진시키는 것으로 자연발효에 비해 시간이 단축된다.

이 산화발효 정도는 그날의 온도, 습도가 미묘한 영향을 주므로, 홍차 제조공정 중에서도 가장 중요시되며 경험이 풍부한 숙련공의 감각에 의해서 관리된다.

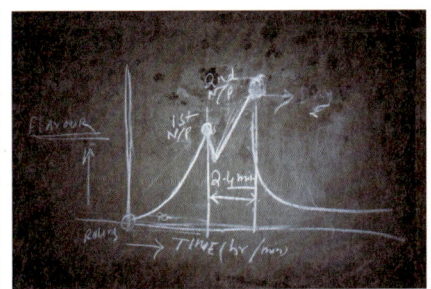

산화발효실 Oxidation Fermentation Room   산화발효그래프 Oxidation Fermentation graph

산화 정도에 따른 변화

5_ 건조 Drying

산화 중인 찻잎을 건조시키면 산화가 완전히 멈춰 홍차가 완성된다. 기계화된 건조기 내에서 콘베어벨트로 찻잎을 아래로 이동시키면서 열풍을 씌워 건조시킨다. 건조된 찻잎의 수분 함유량은 약 5퍼센트로 보존성이 높아진다.

OXIDATION
AFTER 40 Minutes
DISCHARGED FOR
DRYING

전통방법으로 건조시키는 모습

건조 Drying

6_ 포장 Packaging

건조된 찻잎의 열기를 식힌 후 가공실로 옮겨 여분의 줄기나 섬유질을 제거하고
일정한 사이즈나 형태로 분류한다. 습기를 막기 위해 알루미늄호일이나 종이를
이용하여 포장한다.

포장 Packaging

⏐ B ⏐ CTC 제다법

1930년대 맥커처W. McKercher가 고안한 근대적인 제다법이다. CTC라는 특수한 기계를 사용하는데, 우선 생엽을 위조하여 유념한 후, 찻잎을 분쇄하기 Crushing, 찢기Tearing, 비틀기Curling라는 세 가지 기능을 가진 기계에 넣는다. 이 세 가지 기능의 약자를 따서 CTC라고 부르게 되었다. 스테인리스로 된 두 개의 롤러의 회전수를 다르게 하여, 롤러 사이에 찻잎을 넣어서 회전의 차이에서 일어나는 분쇄, 찢기, 비틀기라는 공정이 생기는 것이다. 롤러에는 요철이 있어서 찻잎의 세포가 파괴되고, 사선으로 파인 요철에 의해 부숴진 찻잎은 알갱이 상태로 만들어져 나온다.

이 과정을 마친 후에는 보통의 찻잎과 마찬가지로 산화발효, 건조과정을 거쳐 홍차로 만들어진다. 전 세계 홍차의 50퍼센트 이상이 CTC 홍차이다.

CTC 공법이 보급됨에 따라 홍차 제조시간이 단축되었고, 색과 향이 강하고 가격이 저렴하면서도 일정 수준 이상의 품질을 유지한 차를 대량생산하게 되었으며, 차를 가공한 인스턴트 음료 시장도 급성장하였다.

CTC 제다과정 | 아삼지역 Amalgamated plantations Tea Estate

찻잎따기 ▶ 시들리기(30퍼센트 수분증발.
100킬로그램의 생엽이 70킬로그램이 된다) ▶
로터반 2분(세포 터트리기) ▶ CTC기계 통과
30초(기계의 톱니가 작아지고 세 번 진행) ▶
풀어주기 18초 ▶ 산화발효 45분 ~ 3시간(온
도에 따라 시간 결정) ▶ 건조 20분 ▶ 분류

완성된 CTC차는 입자의 크기에 따라 8가지로
분류한다.
크기에 따른 CTC차의 8등급 (BOPL이 가장 크
고, ED가 가장 작다)

```
  1       2       3       4    5    6    7    8
BOPL  -  BOP  - BOPSM  -  BP - PF - PD - D - ED
```

CHAPTER

2

나만의
홍차 고르기

ADING

홍차 전문점에 가면 놀랄 만큼 많은 종류의 홍차와 만나게 된다. 홍차 봉투에 쓰인 미스테리한 글자로 표현된 등급은 구체적으로 무엇을 의미하는 걸까? 산지별로 시즌별로 분류되어 있는 수많은 홍차를 만나면 도대체 어떻게 골라야할지 당황하게 된다. 우선 각 홍차의 특징과 성격을 말해주는 기본 등급

에서 스페셜티, 시즌티에 대한 기초지식을 익혀 둔다. 그리고 나만의 홍차 고르기의 기준점을 세워 보자. 또 내가 선택한 홍차의 성격을 분석하는 티테이스팅 방법에서 서로 다른 홍차를 조합해 나만의 홍차를 만드는 블렌딩까지 홍차 고르기의 모든 것을 알아본다.

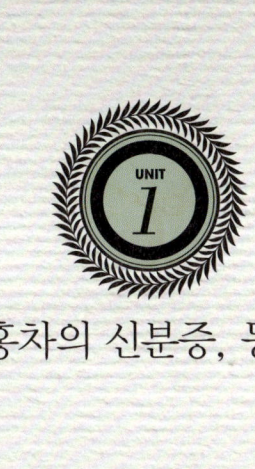

UNIT 1

홍차의 신분증, 등급

홍차를 구입할 때 패키지에 FOP, OP, FBOP 등의 영문자가 적혀 있는 것을 볼 수 있는데, 이것이 홍차의 등급을 나타내는 표시이다. 이 기호는 녹차나 오롱차에는 없고 홍차에만 적용된다. 이 표시를 보고 찻잎의 크기와 모양이 어떤지, 어떤 가공을 거쳐 완성되었는지 알 수 있다.

홍차의 등급기호는 품질의 좋고 나쁨을 감정하여 붙여진 것은 아니지만, 등급기호를 보고 찻잎의 품질을 예상할 수 있다. 예를

들면 F로 표시된 플라워리라는 단어는 꽃향이 난다는 표현이므로, 좋은 계절에 양질의 찻잎으로 만들었다는 것을 알 수 있다. 그러나 테이스팅을 해서 맛, 향, 탕색을 직접 감정하는 것이 중요하다.

생엽으로서 찻잎의 분류

차의 특성은 제다과정뿐만 아니라 사용되는 찻잎의 크기와 그 찻잎이 나뭇가지의 어느 부위에 있었느냐에 따라서 결정된다. 이 잎의 크기나 위치는 숫자가 아니라 이름으로 표시한다.

어느 찻잎를 주로 사용했느냐에 따라 홍차 고유의 색향미가 다르다. 고가품일수록 맨 위쪽의 새싹이 많이 들어 있고, 아래쪽 찻잎을 많이 사용한 것일수록 등급이 낮다.

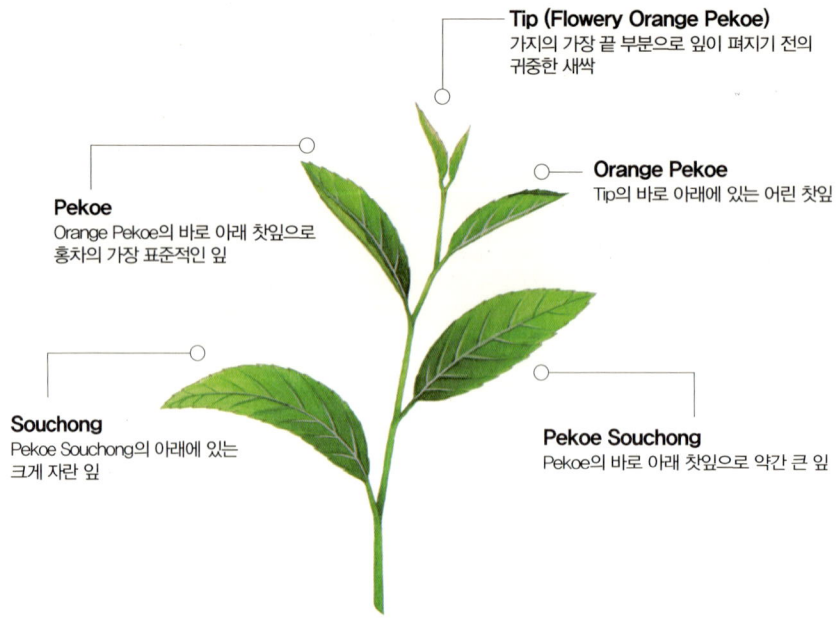

Tip (Flowery Orange Pekoe)
가지의 가장 끝 부분으로 잎이 펴지기 전의 귀중한 새싹

Orange Pekoe
Tip의 바로 아래에 있는 어린 찻잎

Pekoe
Orange Pekoe의 바로 아래 찻잎으로 홍차의 가장 표준적인 잎

Pekoe Souchong
Pekoe의 바로 아래 찻잎으로 약간 큰 잎

Souchong
Pekoe Souchong의 아래에 있는 크게 자란 잎

홍차의 기본등급	잎차	FOP	특유의 꽃향 때문에 플라워리라고 부른다. 길이는 10~15밀리, 팁을 많이 함유. 아삼이나 다즐링티에 많이 사용한다.
		OP	가늘고 꼬임이 있는 큰 잎. 팁을 많이 함유, 탕색은 밝다. 인도티에 많다.
		P	오렌지 페코 다음으로 길고 약간 두껍다. 5~7밀리 정도. 탕색은 진하고 깊다. 맛은 강하고 자극적이다.
		S	어원은 중국어로 '소종小種'을 표시. 잎은 두텁고 둥글다. 탕색은 약간 엷고 맛은 자극적이다.
	분쇄차	BOP	오렌지 페코를 잘라서 흔들어 분류한 후, 2~3밀리의 것을 모은 것. 팁을 많이 함유, 맛은 부드럽고 감칠맛이 있다. 탕색은 오렌지계의 붉은색으로 투명감이 좋다. 스리랑카 티에 많다.
	편차&가루차	BOPF	브로큰 오렌지 페코보다 작은 1밀리 정도의 크기. 탕색과 맛이 진하고 강하다. 밀크티용으로 많이 사용된다.
		F	브로큰 오렌지 페코를 채쳐서 분류할 때 아래로 떨어지는 작은 잎. 탕색은 짙고 어둡다. 무겁고 떫은맛이 난다.
		D	채쳐서 가장 아래에 쌓인 잎. 가루형태로 탕색이 검고 탁하다. 떫은맛이 강하고 무겁다. 밀크티용, 티백에 사용한다.
	CTC	CTC	찻잎등급이 아니라 CTC 제다법으로 붙여진 이름. 과립으로 만들어진다. 인도 아삼, 케냐 티에 많다.

상품으로서의 분류

홍차의 등급을 나누는 방법은 인도, 중국, 스리랑카 등 생산국에 따라서 또는 생산지에 따라서 각각 다르고 통일된 기준은 없다. 심한 경우는 공장단위마다 각각의 기준으로 등급을 정하기도 한다. 따라서 등급기호는 찻잎의 크기와 형상을 표시하는 단어로서의 의미를 가질 뿐 품질의 좋고 나쁨을 이것만으로 결정할 수는 없다. 보통 어린 잎으로 만든 홍차일수록 높은 가격이 형성된다. 높은 등급의 어린 찻잎은 손으로 따고, 낮은 등급은 대부분 기계로 채취한다.

완성된 홍차는 형태에 따라 잎차Whole leaf ~ Leaf Grade, 분쇄차Broken, 편차 & 가루차Fanning & Dust, CTC로 나눌 수 있다. 이것을 찻잎의 크기순으로 세분하여 8종류로 나눈다. 또 티피TIPPY(싹이 많이 포함)나 골든GOLDEN(금빛 싹이 많이 포함)이라는 용어를 첨부해서 특성을 강조한다.

OP

OP(Orange Pekoe) 오렌지 페코

오렌지라는 이름으로 불리지만 과일 오렌지를 말하는 것은 아니다. 오렌지 페코의 오렌지는 네덜란드의 왕가 오렌지 나소공의 이름에서 유래했다고 한다. 페코Pekoe는 중국어로 어린잎에 하얗게 난 잔털을 뜻하는 '백호'를 영국인이 Pekoe라고 부른 데서 유래한다. 현재는 전엽全葉타입을 말한다. 인도 다즐링이나 아삼차가 대표적이며 찻잎의 길이가 10~15밀리 정도이고 아직 펴지기 전인 싹(팁)을 많이 포함하며, 탕색은 밝고 맑은 오렌지계이다.

P(Pekoe) 페코

오렌지 페코 다음으로 긴 형태로 5~7밀리의 긴 찻잎이다. 오렌지 페코보다 약간 질긴 생엽으로 만든다.

PS(Pekoe Souchong) 페코 소총

성숙한 잎으로 만들며, 페코보다 거칠고 단단하다. 향, 탕색 모두 연하고, 맛도 담백하다. S(Souchong)은 훈연향이 나는 랍상소총 같은 중국홍차에 많다.

BOP

BOP(Broken Orange Pekoe) 브로큰 오렌지 페코

오렌지 페코를 분쇄하여 만든 것으로 사이즈는 2~3 밀리지만 품질은 뛰어나다. 성분이 빨리 추출되는 것이 특징이다. 단시간에 추출되는데 비해서 상쾌한 떫은맛과 향도 온전히 지니고 있다. 스리랑카에서는 이 타입이 가장 많아 스리랑카 고품질 홍차의 대명사가 되었으며, 티포트로 추출하는 방법에서 차이, 티백에 이르기까지 폭넓게 이용된다. 베스트시즌에 만든 것은 오렌지 페코와 마찬가지로 TGFBOP 등 앞에 수식어가 붙는다.

BP(Broken Pekoe) 브로큰 페코

페코를 절단한 것으로, 형태도 작고 평평하다. 품질은 중급이나 하급품이 된다.

BOPF(Broken Orange Pekoe Fannings) 브로큰 오렌지 페코 패닝

형태는 BOP보다 더 섬세하여 1밀리 정도의 크기이다. 추출시간은 1~2분으로 아주 짧으며 바디감을 갖춘 깊은 맛을 낸다. 주로 끓여서 만드는 차이나 티백으로 이용한다.

F(Fannings) 패닝

크기는 BOPF와 다름없는 1밀리 정도, 모양만으로 구별하기 어렵다. 같은 시간으로 추출하면 BOPF보다 탕색이 약간 진하고 떫은맛과 농후함도 강하다. 일반적으로 BOPF도 F와 마찬가지로 패닝이라 불리지만 BOPF가 향이 강하고 특성이 명확하다.

D(Dust) 더스트

찻잎 중에서 가장 작은 사이즈. BOP나 BOPF를 만들 때 나오는데, 품질이 좋은 BOP를 만들 때 나오는 더스트는 비교적 고가로 거래되며, 추출한 탕색은 짙고 풍미도 풍부하므로 양질의 티백에 사용한다.

UNIT
2

아주 특별한 홍차, 스페셜티&시즌티

I A I 골든팁, 실버팁

차나무의 끝에는 아직 벌어지지 않은 1~2센티 크기의 바늘 모양 새싹이 나 있다. 이 부분을 탑TIP이라고 부르는데, 4월경 다즐링 퍼스트플러시의 싹이나, 7월 스리랑카 우바의 싹이 여기에 해당한다. 아주 짧은 기간밖에 채취할 수 없고 채엽이나 제다에도 손길이 많이 가므로 생산량이 매우 적다. 오렌지 페코 앞에다 더 작고 더 어린잎과 새싹을 포함했다는 의미로 플라워리Flowery(F), 골든Golden(G), 티피 Tippy(T) 등의 단어를 덧붙인다. 예를 들어, FTGFOP(Fine Tippy Golden Flowery Orange Pekoe)는 '우수한 금빛 팁을 많이 포함한 꽃향이 나는 오렌지 페코 타입'이 된다. 찻잎의 차별화를 꾀하기 위해 무리하게 붙인 이름이기도 하다.

골든팁, 실버팁

팁으로만 만든 홍차는 차 따기 기간이나 제다법에 따라 색이 약간 차이가 난다. 차엽의 발효액으로 물들어 옅은 갈색에서 황금색을 띤 것을 골든팁(금아)이라고 부르며, 약간 흰빛이나 회색빛이 나는 것을 실버팁(은아)이라고 부른다. 금과 은이라는 이름으로도 그 귀중함이 느껴지는 이 차의 맛은 홍차 맛에 민감하지 않은 사람에게는 오히려 싱겁게 느껴질 수도 있다. 이 환상의 홍차는 뜨거운 물을 넣어도 진한 색이 나지 않으며, 향도 마른 풀냄새를 연상시키는 은은하고 약간 달콤한 향기가 있을 뿐이다. 맛은 명확한 특성이 드러나지 않고 약간의 감칠맛이 돌고 가벼운 느낌이다. 그러나 생산량

자체가 매우 적으므로 희소가치가 높아서
고가로 판매된다. 최근 다즐링에서는 골든
팁과 실버팁을 홍차 상표로 사용하는 회사
가 있어 혼동을 주기도 한다.

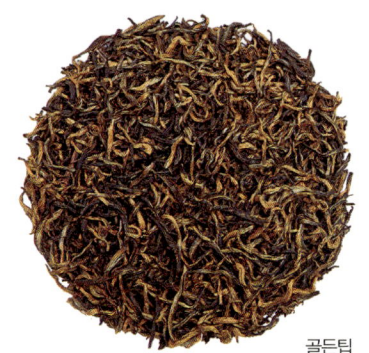

골든팁

　팁은 거의 모든 홍차에 다 들어있다고 보
아야 한다. OP타입의 다즐링이나 아삼 찻
잎을 자세히 보면, 회색빛 싹이나 금빛 싹
이 많이 들어 있다. 일창이기 상태로 찻잎
을 따므로 팁이 들어있는 것은 당연하다.
BOP타입의 스리랑카 홍차에도, 가늘고 작
지만 팁이 많이 함유되어 있다. 이 팁이 홍
차의 숨겨진 맛의 역할을 하여 부드럽고 우
아한 풍미를 낸다.

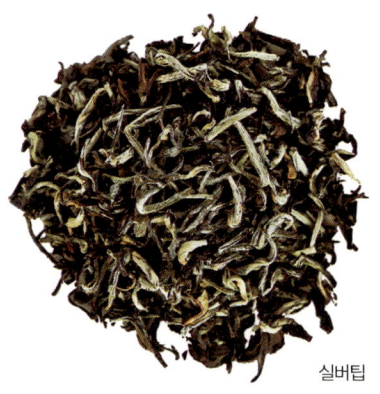

실버팁

　FOP 이상의 등급은 일반적으로 각 다원
또는 판매 회사에서 임의로 붙이고 있는데,
기본적인 의미는 같다.

수식어	등급	의미
GFOP	Golden Flowery Orange Pekoe	수확 초기 차나무 잎의 어린 새순은 금색을 띤다. 이 시즌에 채취한 차나무 잎으로 생산된 홍차
TGFOP	Tippy Golden Flowery Orange Pekoe	골든팁의 함유량이 비교적 높은 홍차
FTGFOP	Finest Tippy Golden Flowery Orange Pekoe	새순 다량 함유
STGFOP	Silver Tippy Golden Flowery Orange Pekoe	실버팁 다량 함유
SFTGFOP	Special Finest Tippy Golden Flowery Orange Pekoe	FTGFOP보다도 새순 다량 함유
SFTGFOP1	Special Finest Tippy Golden Flowery Orange Pekoe	1은 최고급의 찻잎과 최상의 제조공정을 통해 생산된 홍차임을 의미

| B | 퀄리티 시즌

고품질 홍차는 각 지역에 따라 어느 시기에 딴 찻잎으로 만드느냐에 따라 분명한 차이를 내는데, 연중 가장 고품질의 차가 생산되는 시기를 '퀄리티 시즌Quality Season'이라고 부른다. 특히 차 따는 시기가 명확하게 구분되는 인도산 홍차에서 중요한 기준이 된다. 다른 지역의 홍차는 어느 시기에 만들어졌는가보다는 만들어진 지 어느 정도 되었는가 하는 신선도가 중요하다.

 다즐링 퀄리티 시즌

디제이 원(DJ 1)

최근에 시작된 것으로 고품질 다즐링차를 아주 소량 시험 삼아 따서 만든 홍차이다. 2월 하순에서 3월 초순 이제 막 나온 새싹과 햇잎을 수확해서 만든 것으로 그해 홍차의 품질을 예상하는 테스트용 차이다.

양이 워낙 적어서 시장에 출하되는 것은 극소수이다. 향은 아직 미성숙한 느낌이 들지만, 이미 다즐링 특유의 상쾌하고 바디감이 분명한 경쾌한 떫은맛을 가진다.

퍼스트플러시(First Flush)

4월 상순부터 따는 첫물차. 따는 시기가 약 2~3주 사이의 짧은 기간이어서 희소가치가 높다. 모양은 모두 OP타입으로 팁을 많이 함유하며 가늘고 꼬임이 있는 섬세한 찻잎으로 만들어진다. 경쾌한 자극이 있는 떫은맛을 지니며, 꽃이나 과일을 연상시키는 고운 향이 난다. 탕색은 녹색이 감도는 듯한 느낌의 옅은 오렌지색이다.

세컨드플러시(Second Flush)

5~6월의 두 번째로 생장한 찻잎으로 만든 홍차. 기온과 햇살을 듬뿍 받아서 퍼스트플러시보다 맛과 향이 강하다. 다즐링차에서 가장 인기가 많은 것이 세컨드플러시이다. 은빛 싹인 실버팁을 많이 함유하며 경쾌한 자극이 있는 강한 떫은맛을 내는데, 감칠맛과 부드러운 단맛을 겸비한 균형 잡힌 떫은맛이다. 향은 다즐링을 대표하는 머스

캣포도향이 강하여 '홍차의 샴페인'이라고 불린다. 탕색은 맑고 고운 붉은색이다.

서드티(Third Tea)

8~9월에 따는 찻잎으로 만든 홍차. 농후함을 갖춘 강한 떫은맛과 바디감을 가진다. 베스트 시즌의 맛과 향에 비해서 품질이 떨어진다. 탕색은 짙은 붉은색으로 밀크티로 사용해도 좋다.

오톰널(Automnal)

10~11월에 마지막으로 나온 찻잎으로 만든다. 떫은맛이 강해져 개성 있는 풍미를 내므로 유럽에서 밀크티용으로 인기를 얻고 있다. 향은 약간 옅어졌지만 풀냄새와 과일향이 있으며, 탕색은 깊이 있는 붉은색이다.

 아삼 퀄리티 시즌

퍼스트플러시(First Flush)

2~3월부터 시작하는 첫물차는 아삼 특유의 강렬함은 부족하지만, 달콤한 꽃향을 낸다. 탕색은 옅고, 오렌지계의 붉은색이다.

세컨드플러시(Second Flush)

4월 중순에서 6월에 걸쳐서 만들어지며, 고품질 아삼차가 나오는 시기이다. 골든팁이 가장 많아서 감칠맛이 있는 농후하고 강한 떫은맛을 낸다. 달콤한 꽃향이 나며, 탕색은 오렌지계열의 붉은색이 절정을 이룬다.

오톰널(Automnal)

가을차는 7월부터 시작하여 마지막으로 12월 말까지 딴다. 거의 일 년 내내 차 따기가 이루어진다. 무게감 있는 떫은맛이 있어서 밀크티에 잘 어울린다. 향은 약간 스모키한 낙엽 냄새를 연상시키며 상쾌한 이미지는 없다. 탕색은 깊고 짙은 흑색에 가까운 붉은색이다.

닐기리 퀄리티 시즌

1~2월, 7~8월에 가장 고품질의 차가 수확되는데, 이 시기의 차는 상쾌한 신맛이 감돈다. 은은한 향과 상쾌하면서도 부드러운 맛 그리고 맑은 오렌지계열의 붉은 탕색을 낸다.

퀄리티 시즌

	1월	2월	3월	4월	5월	6월	7월	8월	9월	10월	11월	12월
다즐링			🍃	🍃	🍃	🍃						
아삼			🍂	🍂	🍂	🍂						
닐기리	🍃	🍃					🍃	🍃				
딤블라	🍂	🍂										
누와라엘리아	🍃	🍃										
우바							🍂	🍂				

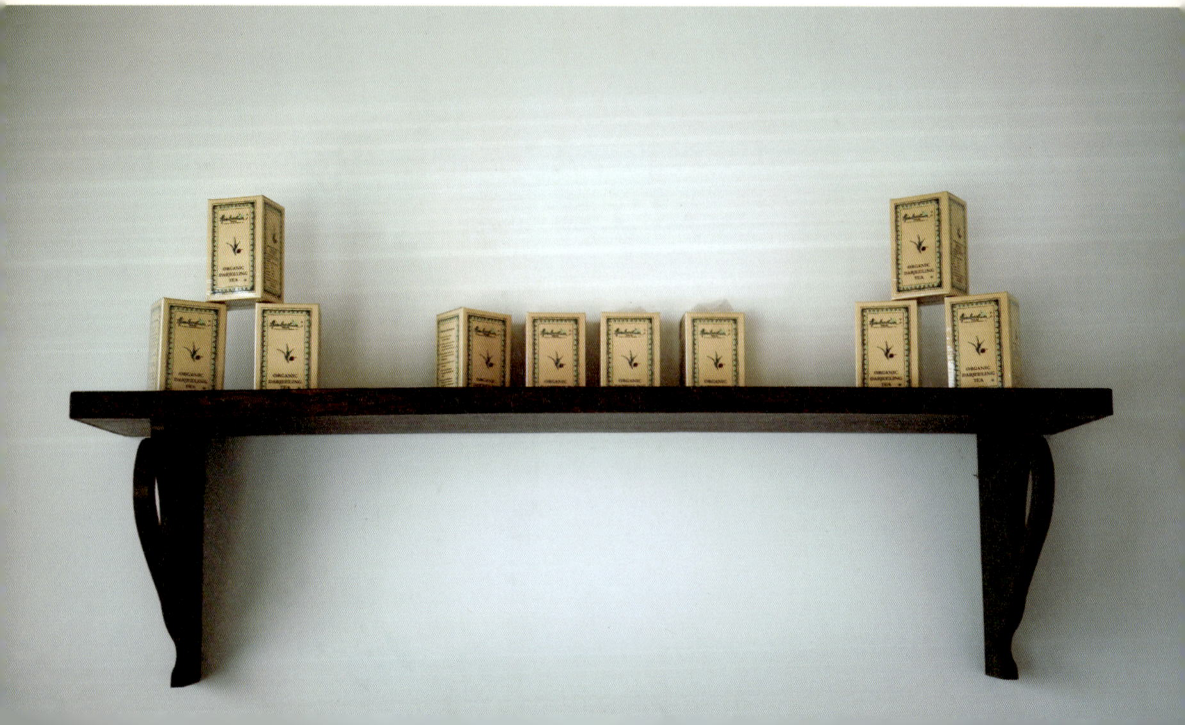

홍차 품질 체크, 티테이스팅

티테이스팅은 원래 전문가들이 사용하는 차의 성격분석과 품질 확인이지만, 그 원리를 이해하고 대략적인 방법을 익혀두면 누구나 집에서도 내가 구입한 차를 품평할 수 있다. 홍차가 가진 색과 향의 특성을 체크해 두면 친구를 초대했을 때 그날의 날씨나 기분에 따라 나만의 홍차를 즐길 때 등 상황과 분위기에 맞는 차를 선택할 수 있다.

 홍차의 특징 찾아내기

홍차는 산지나 수확 시기는 물론 같은 다원에서도 일조량이나 통기 등 미묘한 차이에 의해 품질이 결정된다. 또 차 따는 날이나 제다한 날의 날씨에 따라서도 차이가 생긴다. 그러므로 제다공장에서 안정된 품질의 차를 만들기 위해 티테이스팅은 매우 중요하다. 차의 가격 결정과 블렌딩Blending의 조화를 맞추기 위해서 찻잎의 개성을 정확하게 파악하여야 한다.

그러므로 각 공상에서는 전문직인 디데이스터가 머칠 분이 홍차를 블렌드하고 컵테이스트로 감정하여 안정된 품질을 만들어내기 위해 세심한 노력을 기울인다. 컵테이스트는 홍차의 특징을 판별할 수 있는 예민한 감각과 경험이 필요하다.

티테이스팅 장소　　　　　　　　　전문가의 테이스팅

한편 소비자 입장에서는 전문적인 티테이스터처럼 할 수 없더라도 바른 테이스트 방법을 익혀두면, 여러 가지 홍차를 시음해 보고 내가 원하는 좋은 차를 선택할 수 있다.

테이스팅으로 찾아내는 고품질 홍차

사람마다 취향이 다르지만 일반적으로 고품질로 감정되는 홍차의 특징을 기준으로 삼으면 테이스팅이 좀 더 즐거울 것이다. 고품질 홍차는 균형 잡힌 맛, 맑고 고운 색, 우아한 향뿐만 아니라 윤기와 탄력을 가진 우린 잎, 찻잔 가장자리에 감도는 골든링이 뚜렷하다.

맛있는 홍차의 세 가지 조건　맛 / 탕색 / 향

| 맛 |
떫은맛, 단맛, 쓴맛의 균형
홍차 맛의 골격은 떫은맛이다. 찻잎에 함유된 타닌은 떫은맛뿐만 아니라 풍부한 향을 만들어내므로 너무 많아도 안 되지만 너무 적으면 맛이 밋밋해진다. 단맛과 감칠맛은 찻잎에 함유된 아미노산의 일종인 데아닌에 의해, 적절한 쓴맛은 카페인에 의해 형성된다. 좋은 홍차는 타닌, 데아닌, 카페인이 조화롭게 결합하여 맛을 풍부하게 한다.

| 탕색 |
곱고 화려한 색상. 금황색에서 적갈색까지
다즐링은 연한 오렌지색, 아삼은 고운 붉은색, 닐기리는 빛나고 투명한 오렌지색을 낸다. 좋은 홍차는 색상의 특성이 다르더라도 맑고 투명하고 유혹적인 색감을 낸다.

| 향 |
콧속을 가로지르는 상쾌한 느낌
특별한 향을 가지지 않은 생엽이 제다과정을 통해서 10배 이상의 향기 성분을 활성화시킨다. 신선한 풀향, 달콤한 꽃향, 잘 익은 과일향, 상쾌한 민트향 등 홍차의 향기 성분은 300종류가 넘는다. 품종과 제다법 그리고 산지와 채취 시기에 따라서 각각 다른 특성을 가진다.

1 전용 테이스팅 컵   2 전용 테이스팅 스푼   3 전용 테이스팅 저울   4 찻잎   5, 6 전문 테이스팅

전문 테이스팅

티테이스팅 기본 공식
3그램 / 150cc / 3분

1
찻잎을 넣는다.
전용 테이스팅 컵을 사용. 찻잎의 분량은 3그램.
전자저울로 계량.

2
150cc의 뜨거운 물을 붓는다.
신선한 물을 사용한다. 테이스팅을 하는 현지의 물을 사
용한다. 뜨거운 물을 높은 위치에서 부어서 산소가 듬뿍
함유되도록 한다.

전문 티테이스팅은 차를 맛있게 마시기 위한 방법이 아니라 차의 품질과 개성을 파악하기 위
한 것이므로 조금 진하게 우려 식은 차로 맛을 평가한다. 각각의 과정에서 티테이스터는 간단
한 테이스팅 노트Tasting Note 를 남기는데, 이 기록은 소비자들에게 상품을 소개하는 역할을
한다.

3

3분 우린다.

전용 뚜껑을 덮고 우린다. 타이머를 이용해서 시간을 정
확하게 지킬 것. 우리는 동안 컵 속에서 점핑이 일어난다.

4

전용 볼에 세트한다.

뚜껑을 덮은 채로 추출용 컵을 전용 볼에 세트하여 우러
난 홍차를 옮긴다.

5

우린 잎을 꺼낸다.

추출액을 따라낸 컵을 엎어서 뚜껑 위에 찻잎을 올린다.

6

감정한다.

추출액의 향과 탕색을 확인한다.
추출액을 마시면서 입안에서 앞뒤양옆으로 혀의 각 부분
에 닿도록 깊숙이 빨아들인다. 그런 다음 맛을 확인한다.
뚜껑에 올린 우린 잎의 향과 색을 체크한다.

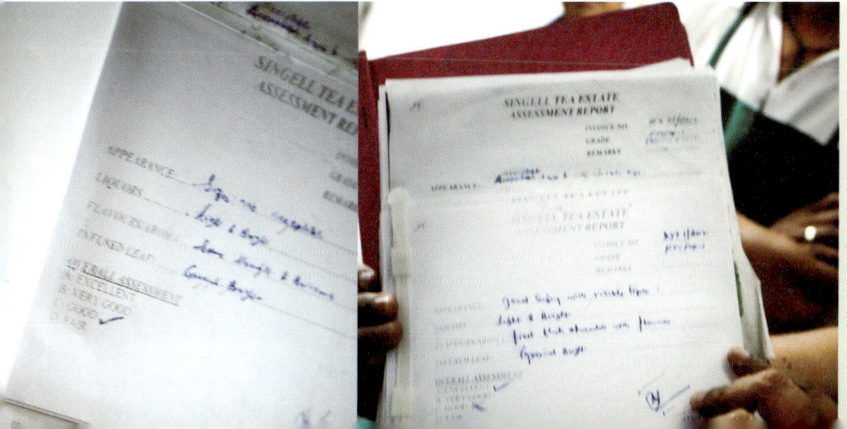

티 테이스팅 평가표

내역	산지 : _____ 지역 / 다원명 : _____
	시즌 : _____ 등급 : _____
건조 찻잎	외형 : _____
테스트 방법	찻잎의 양 : _____ 물온도 : _____
	우리는 시간 : _____
특성	_____

	1	2	3	4	5	6	7	8	9	10
마른찻잎 향 FRAGRANCE	1	2	3	4	5	6	7	8	9	10
차 향 AROMA	1	2	3	4	5	6	7	8	9	10
단맛 SWEETNESS	1	2	3	4	5	6	7	8	9	10
쓴맛 BITTERNESS	1	2	3	4	5	6	7	8	9	10
떫은맛 ASTRNGENCY	1	2	3	4	5	6	7	8	9	10
뒷맛 AFTERTASTE	1	2	3	4	5	6	7	8	9	10
균형 BALANCE	1	2	3	4	5	6	7	8	9	10
바디 BODY	1	2	3	4	5	6	7	8	9	10
탕색 투명도 LIMPIDTY	1	2	3	4	5	6	7	8	9	10
탕색 명암 COLOR	1	2	3	4	5	6	7	8	9	10

COMMENTS

_____
_____
_____

날짜 _____ 평가자 _____

탕색 표시 용어

LIMPIDITY 투명도
DEPTY 농담
COLOR 명암

향기 표시 용어

FRAGRANCE 마른 찻잎향
AROMA 뜨거운 물에 의해 휘발되는 향
FLORAL 꽃향
FRUITY 과일향
GREENISH 풀향
NUTTY 견과류향
TURPENY 송진향
SPICY 향신료향
SMOKY 훈연향
CARBONY 숯향
WOOD 나무향
AFTERTASTE 잔향

맛 표시 용어

ASTRNGENCY 떫은맛
ACIDITY 신맛
SWEETNESS 단맛
BITTERNESS 쓴맛
FRUITY 과일맛
SPICE 향신료
HERBAL 허브
BODY 바디감
BALANCE 균형
FLAVOR 풍미
AFTERTASTE 회감

테이스팅 장소

건조된 찻잎, 우려낸 탕색과 찻잎을 판별하기 위해서는 항상 일정한 빛이 들어
오는 북향이 좋다. 북으로 창이 나고 시야가 넓으며 자연광이 충분한 곳이 좋다.
바닥이 건조하고 실내의 벽과 천장은 흰색, 바닥은 타일이나 나무 또는 대리석
이 좋다. 실내의 조도는 750룩스 정도로 유지하며 온도 20~25도, 습도 70~75
퍼센트를 유지해야 한다.

전용 도구 없이 집에서 하는 테이스팅

티테이스팅 기본 공식
3그램 / 350cc / 3분

1
도구를 준비한다.
집에서 테이스팅을 할 때는 포트와 찻잔 3개, 전자저울
만 있어도 충분하다.

2
찻잎을 넣는다.
포트에 찻잎을 정확하게 계량하여 넣는다.

3
물을 붓고 3분간 우린다.
금방 끓인 95~98도의 뜨거운 물을 붓고, 타이머를 이용
하여 정확히 3분간 우린다.

4
찻잔에 따른다.
세 잔의 찻잔에 마지막 한 방울까지 따른다.

5
감정한다.
먼저 향을
그리고 탕색을
마지막으로 맛을!
특히 떫은맛의 정도를 본다.

마지막 한 방울이 핵심!

마지막으로 떨어지는 홍차액을 '베스트드롭'이라고
한다. 홍차 엑기스가 듬뿍 함유되어 있으므로 마지
막 한 방울까지 정성스럽게 따른다.

홍차를 입에 머금고 굴리듯 맛과 향을 체크

우선 탕색을 본 후 침출된 홍차액을 스푼으로 떠 서 입에 머금고 굴리듯 맛과 향을 감정한다. 입속 안쪽까지 넣은 후 뱉어낸다. 그리고 향은 비공을 통과시키고 나서 판정한다. 맛을 체크한 후에는 우린 잎을 본다. CTC, 아삼 등 강한 색과 자극을 가지는 홍차를 테이스팅할 때는 미리 우유를 준 비해서 밀크티로 만들어진 향미를 감정한다.

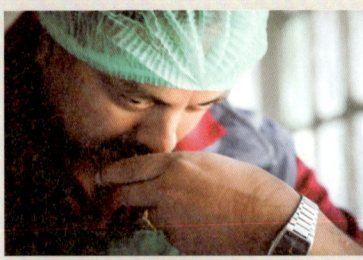

1. 향을 맡는다.
차 맛을 좌우하는 가장 큰 요소는 향이다. 꽃이나 과 일을 연상시키는 홍차 특유의 향의 강약을 체크한다.

꽃향, 과일향, 풀향, 신선한 향, 낙엽향, 훈연향

2. 탕색을 본다.
홍차의 색감을 명료하게 하는 흰색 찻잔을 사용한다. 색감에 영향을 주는 조명도 고려할 필요가 있다.

황금색, 오렌지색, 붉은 오렌지, 붉은색, 붉은 갈색

3. 맛을 확인한다.
홍차 맛의 첫 번째 특징은 떫은맛이다. 떫은맛의 강 약을 확인한다. 그리고 단맛, 쓴맛 등 다른 맛과의 균 형을 체크한다.

옅은 떫은맛, 중간 정도 떫은맛, 강한 떫은맛, 자극적인 떫은맛, 농후하고 무거운 떫은맛

UNIT
4

홍차의 재탄생, 블렌딩

슈퍼마켓이나 백화점에서 시판되는 홍차 대부분은 여러 가지 찻잎을 혼합한 블렌드 홍차이다. 블렌딩을 하는 것은 품질을 일정하게 유지하기 위해서이다. 상품화되어 있는 홍차는 각각의 회사가 전문가의 연구를 거쳐 언제 마셔도 같은 풍미를 즐길 수 있게 만든 것이다. 인도나 중국, 스리랑카 등에서도 계절풍이나 기후변화

때문에 매년 같은 시기에 같은 품질의 차를 수확할 수 있는 것은 아니다. 예를 들면 다즐링이나 기문은 퍼스트플러시부터 오톰널까지 풍미가 다르며, 스리랑카에서도 인도양과 뱅골만으로부터 불어오는 계절풍의 영향으로 생산지역에 따라 맛과 향이 미묘한 차이를 낸다.

홍차의 3대 요소인 맛, 향, 탕색 어느 하나가 부족해도 홍차의 품격이 떨어진다. 이 삼박자를 갖추기 위해 블렌딩이라는 작업을 한다. 맛이 가벼운 홍차에 자극이 강한 것을 섞거나, 탕색이 약한 것에 짙은 색이 나는 것을, 또는 향의 특징을 강조하여 개성 있는 향을 가진 찻잎을 섞는다.

또 홍차가 생산되지 않는 곳에서는 금방 만들어진 홍차를 구하기 어려우므로, 오래되어서 풍미가 떨어진 찻잎이 생기기 마련이다. 이럴 때 신차나 보다 향이 강한 찻잎을 섞어서 새로운 홍차로 재탄생시킨다.

블렌드를 통해서 찻잎을 버리지 않고 이용할 수 있으며, 품질을 일정하게 유지하여 안정된 상품 공급을 할 수 있고, 가격을 일정하게 유지할 수 있다. 그러나 블렌드에 의해 신선도를 잃어버리거나 그 찻잎이 가진 고유의 특성을 발휘시키지 못하는 면도 있다.

 나만의 블렌드티

홍차의 왕으로 불리는 토마스 립톤은 색과 향미가 같은 홍차라도 런던, 스코틀랜드, 아일랜드 또 여러 다른 나라의 수질 차이로 홍차의 풍미가 달라진다는 것에 착안하여 그 지방의 수질에 맞춘 블렌드티를 만들어 판매했다. 이것이 오늘날까지 남아 있는 '런던 블렌드', '스코틀랜드 블렌드', '아이리쉬 블렌드' 등 지방 특산 홍차의 기초가 되었다. 립톤은 이러한 블렌드 홍차를 만들기 위해 프로 블렌더를 고용하고 교육시켰다.

그러나 취향, 연령, 성별, 계절 등에 따라 매일같이 변하는 것이 사람의 기호이다.

내 취향에 맞는 블렌드티는 결국 스스로 만들어야 한다.

　가장 쉽게 접근하는 방법은 이미 완성되어 시판되는 블렌드 홍차에 내 취향에 맞는 다른 찻잎을 섞어서 믹스 풍미를 즐기는 것이다. 그리고 차츰 산지별 특성을 조합하여 나만의 홍차를 만들어 보자. 우선 집에 있는 홍차를 가지고 시작하다 보면, 어느새 홍차의 세계에 한발 더 깊이 들어가 있는 자신을 발견할 것이다.
　산지별 홍차를 섞을 때에는 먼저 베이스로 삼을 기준 홍차를 정하고 거기에 만들고 싶은 풍미에 맞는 특성을 가진 홍차를 첨가한다. 첨가하는 찻잎을 너무 많이 넣으면 원래의 기준 홍차의 풍미를 찾을 수 없으므로 주의한다.

취향에 맞는 풍미를 찾기 위한 홍차

만들고 싶은 풍미	블렌딩에 적합한 홍차
떫은맛을 강하게 하고 싶을 때	다즐링, 아삼, 우바
향을 강하게 하고 싶을 때	얼그레이, 랍상소총, 다즐링, 기문, 누와라엘리아
탕색을 진하게 내고 싶을 때	캔디, 케냐, CTC

블렌드, 1+1 = 3

탕색이 연한 차를 보다 진한 홍차로 만들어 밀크티용 찻잎을 만든다.

탕색이 진한 차를 맛과 향을 손상하지 않으면서 더 깔끔한 탕색의 차로 만든다.

개성이 너무 강한 향을 누그러트려서 부드러운 향으로 한다.

향이 약한 찻잎에 강한 향이 나는 찻잎을 섞어서 향을 강화시킨다.

떫은맛이 강한 차를 보다 마시기 쉬운 맛으로 바꾼다.

오래되어 풍미가 떨어진 홍차에 장미나 국화 등으로 만든 꽃차를 넣어 새로운 풍미를 만든다.

 나만의 블렌드티 만드는 방법

찻잎을 조합시켜 내 취향에 맞는 블렌드티를 만들어 보자. 찻잎을 섞을 때는 레시피 조정이나 다시 한 번 같은 맛을 만들어 낼 때를 생각해서 배합한 찻잎의 비율을 기록해 둔다.

1. 내 취향에 맞는 찻잎을 선택한다.
2. 찻잎을 섞는다. 찻잔이나 볼 속에서 균일하게 조합한다.
3. 티포트에 섞은 찻잎을 넣고 우려 찻잔에 따라서 색향미를 확인한다.

| 재료 | 1인분

취향에 맞는 찻잎 여러 종류를 준비한다.
홍차 찻잎만으로 블렌드할 때는 세 종류 정도가 적합하다.

찻잎 5그램
뜨거운 물 350cc

우바와 아삼으로 만든 모닝 밀크 블렌드

우바 70
아삼 30

멘솔향과 바디감이 뛰어난 우바에 달콤한 향을 가진 아삼을 섞어서 상쾌한 느낌을
주는 블렌드티를 만들고 우유를 넣어 위의 부담을 덜어주는 모닝 블렌드.

우바   아삼

풀향이 감도는 신선미를 살린 누와라엘리아 블렌드

누와라엘리아 60
다즐링 퍼스트플러시 30
우바 10

누와라엘리아의 상쾌하고 깔끔한 뒷맛에 다즐링 퍼스트플러시의 신선한 과일향을 첨가하여
호화로운 향을 만들어 냈다. 여기에 탕색을 진하게 내기 위해 우바를 배합하여
맛의 무게와 색의 깊이를 더했다. 자극이 있는 떫은맛으로 밀크티로 해도 좋다.

누와라엘리아   다즐링 퍼스트플러시   우바

❧ 다즐링의 신선함에 붉은 탕색을 더한 블렌드 ❧

다즐링 퍼스트플러시 60
캔디 30
누와라엘리아 10

탕색이 연한 다즐링 퍼스트플러시가 가진 맛을 충분히 살리면서 탕색을 보충하기 위해
캔디를 배합. 그리고 상쾌한 향을 강화시키기 위해 누와라엘리아를 첨가했다.

다즐링 퍼스트플러시   캔디   누와라엘리아

❧ 중국의 신비한 향을 첨가한 아삼 블렌드 ❧

아삼 50
정산소종 30
운남홍차 20

아삼은 손쉽게 구할 수 있는 훌륭한 찻잎이지만 향이 약하다.
여기에 중국산 정산소종을 첨가한다. 정산소종의 소나무 훈연향이 은은하게 감돌고
운남홍차의 달콤한 향이 덧붙여져 깊이 있고 우아한 향이 나는 블렌드가 되었다.

  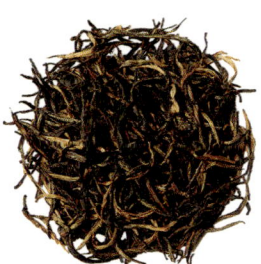

아삼   정산소종   운남홍차

아삼에 육계향을 넣어 깊이를 더한 블렌드

아삼 50
캔디 30
홍옥(일월담 홍차) 20

아삼의 탕색은 깊은 적색이지만 맛은 의외로 담백하고 떫은맛이 적당하며,
자극이 약하고 여운을 남기지 않아 뒷맛이 깔끔하다. 여기에 가벼운 맛의 캔디를 첨가하여
부드럽고 마시기 좋게 한다. 그리고 우아한 육계향을 가진 대만의 일월담 홍차를 첨가한다.

아삼   캔디   홍옥(일월담 홍차)

농후하면서도 뒷맛이 깔끔한 차이 블렌드

아삼 50
닐기리 30
케냐 20

인도 사람들에게 있어 빼놓을 수 없는 것이 밀크팬에서 직접 끓여서 만든 '차이'다.
아삼을 베이스로 해서 닐기리의 상쾌한 뒷맛을 덧붙인 차이 전용 블렌드.

아삼 CTC   닐기리   케냐

기문홍차에 달콤함을 더한 블렌드

기문홍차 60
운남홍차 40

균형 잡힌 맛을 가진 기문홍차에 부드럽고 달콤한 맛과 향을 가진 운남홍차를 섞었다.
떫은맛과 탕색이 부족한 운남홍차가 기문홍차와 만나서 더욱 고품격 홍차로 태어난다.

기문

운남 침형

운남홍차를 넣은 보이차 블렌드

보이차 숙차 60
운남홍차 40

고구마의 단향을 연상시키지만 탕색이 연한 운남홍차를 보이차에 섞으면,
짙은 탕색에 부드러운 맛과 고운 향을 낸다. 운남홍차 대신 대만산 동방미인을 섞어도 좋다.

보이차 숙차

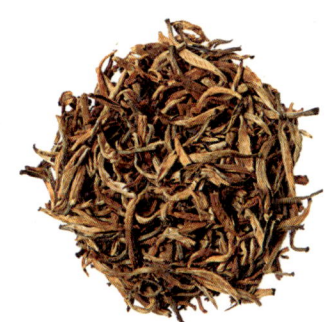

운남 금아

CHAPTER
3

홍차 맛의 메커니즘

홍차는 보통 두세 번 우려 마시는 녹차나 오룡차와는 달리 한 번에 우려서 마신다.
OP타입이나 중국 홍차는 섬유질이 튼튼하여 가는 섬유질이 잘 나오지 않으므로
두세 번 우려 마셔도 되지만, 분쇄된 홍차를 여러 번 우리면 미세한 섬유질이
우러나와서 탕색이 탁해지고 풍미가 떨어진다. 그러므로 홍차 맛을 결정하는
물의 양, 물의 온도, 우리는 시간에 더욱 세심한 배려가 필요하다.

맛있는 홍차를 위한 네 가지 핵심 포인트

우리가 시중에서 구하는 대부분의 홍차는 분쇄된 블렌드 홍차이다. 홍차는 보통 두세 번 우려 마시는 녹차나 오룡차와는 달리 한 번에 우려서 마신다. OP타입이나 중국 홍차는 섬유질이 튼튼하여 가는 섬유질이 잘 나오지 않으므로 두세 번 우려 마셔도 되지만, 분쇄된 홍차를 여러 번 우리면 미세한 섬유질이 우러나와서 탕색이 탁해지고 풍미가 떨어진다. 그러므로 홍차 맛을 결정하는 물의 양, 물의 온도, 우리는 시간에 더욱 세심한 배려가 필요하다.

내가 가진 홍차의 매력을 최대한 끌어내기 위해서 가장 먼저 익혀두어야 하는 것이 바로 이 홍차 우리기 4요소이다.

| 물 온도 | 물의 양 | 찻잎의 양 | 시간 |

물 온도

홍차의 색향미를 충분히 끌어내기 위해서는 타닌과 카페인이 가장 잘 추출되는 물 온도에 유의한다. 가장 적합한 온도는 산소를 많이 함유한 93~98도이다.

홍차는 반드시 신선한 물을 바로 끓여 사용한다. 주전자 속에서 이슬 같은 가느다란 기포가 가득 일어나고, 직경 1센티 정도의 거품 5~6개가 일어나기 시작하면 불을 끈다(온도는 93~95도). 너무 오래 끓이면 물속의 산소가 소멸되므로, 찻잎의 맛을 충분히 살리기 어렵다.

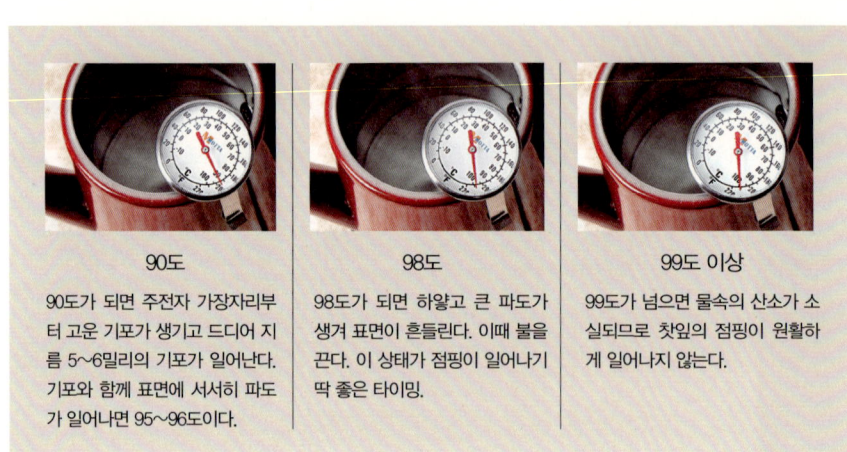

90도	98도	99도 이상
90도가 되면 주전자 가장자리부터 고운 기포가 생기고 드디어 지름 5~6밀리의 기포가 일어난다. 기포와 함께 표면에 서서히 파도가 일어나면 95~96도이다.	98도가 되면 하얗고 큰 파도가 생겨 표면이 흔들린다. 이때 불을 끈다. 이 상태가 점핑이 일어나기 딱 좋은 타이밍.	99도가 넘으면 물속의 산소가 소실되므로 찻잎의 점핑이 원활하게 일어나지 않는다.

물의 양

홍차를 우리면서 물과 찻잎의 적절한 양을 계산할 때는 찻잎의 양보다 물의 양을 기준으로 하는 것이 좋다. 찻잎마다 품질이나 개성, 신선도, 블렌드 여부에 따라 추출되는 정도가 다르기 때문이다.

티테이스팅의 표준인 3그램, 150cc라는 기준은 찻잎의 성격을 감정한다는 의미일 뿐 맛있는 홍차를 즐기기 위한 것은 아니다. 보통 홍차는 티푸드와 함께 즐기므로 한 잔으로는 부족하기 마련이다. 적어도 한 사람이 두세 잔은 마신다는 가정 아래 홍차를 만든다. 홍차 1인분을 위한 물의 양은 찻잔으로 2잔 반(140cc × 2.5잔)인 350cc로 한다.

찻잎의 양

1인분의 열탕 350cc에 대해, 찻잎의 양은 티스푼으로 두 스푼이 가장 일반적인 표준이다. 그러나 떫은맛과 같은 차의 성분이 잘 우러나는 연수를 사용하는 우리나라에서는 다소 많은 양이다.

그러므로 1인분 350cc 1티스푼 가득, 또는 가볍게 2티스푼이 적합하다.

◇ 찻잎의 타입이나 특성에 따라 더하거나 덜어낸다.

시간

찻잎의 성분이 추출되는 시간은 찻잎의 크기에 따라 조금씩 다르다. 일반적으로 분쇄된 BOP타입은 3~4분, OP타입은 5~6분이 적합하다. 찻

잎의 크기가 크면 그만큼 점핑에 소요되는 시간이 길어지기 때문이다.

차를 우리는 시간이 길어지면 차 맛이 너무 진해지고, 탕색도 짙어진다. 생각보다 진하게 우러났을 때는 뜨거운 물을 담아 두는 별도의 포트를 이용해서 농도를 조절하며 마셔도 된다.

홍차 우리기 표준(1인분)

물 온도	98도	신선한 물을 사용 / 비등점 직전 온도
물의 양	350cc	한 사람이 2~3잔 마실 때
차의 양	2 tsp, 4g	증경수 / 연수일 경우 약간 적게
시간	2~6분	전엽타입 5~6분 / 분쇄타입 3~4분 / 티백 2분

홍차 맛의 비밀, 점핑!

티포트 안에서 일어나는 찻잎의 점핑이 홍차 맛의 비밀!

홍차가 맛있게 우러나기 위한 핵심 키워드는 바로 점핑. 찻잎을 티포트에 넣고 금방 끓인 신선한 열탕을 세차게 부으면 물속의 산소가 작은 기포를 내며 찻잎에 달라붙고 그 부력으로 찻잎이 위로 떠오른다. 떠오른 찻잎은 수분을 함유하여 몇 분 후면 눈이 내리듯이 천천히 아래로 가라앉는다. 기포는 물속으로 사라지고 3~5분 후면 찻잎이 대부분 가라앉는다. 이 현상을 점핑이라 부른다. 점핑이 잘 일어나야 홍차의 색향미를 이루는 성분이 충분하게 우러난다. 점핑이 잘 일어난 홍차는 색향미가 모두 명료하고 감칠맛과 단맛이 살아난다. 점핑이 불완전하면 홍차의 풍미는 약하고, 향도 연해진다.

찻잎이 뜨거운 물의 대류 현상 때문에 포트 속을 천천히 회전하면서
상하운동을 거듭하며 맛과 향을 내는 성분이 추출된다.

 점핑을 일으키는 조건

1. 산소를 많이 함유한 신선한 물

2. 93~98도 정도의 뜨거운 물
차의 종류마다 적정한 온도가 다르다. 예를 들어 다즐링
퍼스트일 경우 85~95도의 물이 적당하다. 홍차를 만들
때 사용하는 물도 일단 섭씨 100도까지 끓인 후 우려내기
적당한 온도까지 식힌 다음에 부어야 한다. 또한, 한 번
끓인 물은 다시 끓여서 사용하지 않는다. 반복해서 끓은
물은 산소가 손실되어 점핑이 원활하게 일어나지 않는다.

3. 힘찬 물 붓기
가장 알맞은 온도로 끓은 열탕을 티포트 속의 찻잎을 향해
높은 위치(찻잎까지 30센티 정도)에서 힘차게 붓는다. 그러면 가
느다란 거품과 함께 거의 모든 찻잎이 떠오른다.

4. 대류운동이 원활한 둥근 포트
떠오른 찻잎이 서서히 가라앉고 또다시 떠오르는 것도 있
다. 이 운동이 방해받지 않고 자연스럽게 일어날 수 있도
록 티포트의 형태는 공처럼 둥근 모양이 가장 좋다.

5. 물 온도 유지
점핑이 일어나 카페인이나 타닌이 추출되기 위헤서는 열
탕의 온도가 최소한 90도 이상은 되어야 한다. 그러므로
미리 티포트를 데워두거나 티코지를 씌워서 고온을 유지
하는 것도 중요하다.

1

2

점
핑
의
구
조

3

4

5

 점핑이 잘 일어나지 않는 이유

- 너무 오래 끓인 열탕이나 오래전에 받아둔 산소가 적은 물, 반복해서 다시 끓인 물을 사용하면 점핑이 잘 일어나지 않는다.

- 미지근한 물을 사용하면 점핑이 잘 일어나지 않는다. 80~90도의 온도에서도 점핑이 일어나지만 카페인, 타닌이 충분히 추출되지 않는다.

- 주전자 코를 포트에 바짝 붙이고 뜨거운 물을 조용히 붓거나 주전자 코가 너무 작아서 따르는 물에 힘이 가해지지 않으면 점핑이 잘 일어나지 않는다.

어떤 물을 사용하는가

물을 어느 정도로 끓일 것인가도 중요하지만 물 자체의 성질도 중요하다.

　적절한 경도의 물을 사용해야 홍차의 맛과 향을 부드럽게 하고, 자극적인 떫은 맛을 눌러준다. 홍차의 타닌(카테킨류)이 물에 함유된 칼슘이나 마그네슘과 화합하면, 홍차가 가진 고유의 색향미에 영향을 준다.

　같은 홍차를 가지고도 영국에서 우린 것과 한국에서 우린 것은 맛과 향, 탕색이 모두 다르다. 그 원인은 바로 물이 함유한 미네랄 성분 함량이 다르기 때문이다. 칼슘과 마그네슘이 적당한 물로 홍차를 우리면 단맛이 잘 드러나지만, 함량이 지나치면 쓴맛이 도드라진다. 그러나 이런 특성을 미리 이해하고 있으면 이 수질의 특성에 맞는 홍차를 즐길 수 있다.

　물은 물이 함유한 미네랄 성분에 따라 경수 또는 연수로 분류한다. 대표적인 미네랄 성분인 칼슘과 마그네슘을 모두 탄산칼슘으로 환산하여 수치화하고 그 수치에 의해 물의 경도를 표시한다. 경도가 100 미만은 연수, 100~300 미만을 중경수, 300 이상을 경수로 분류한다.

연수 〈삼다수〉	중경수 〈에비앙〉	경수 〈콘텍스〉	수돗물
연수 (경도 30~100) 캔디, 닐기리, 케냐 등 개성이 약한 홍차를 연수로 우리면 맛이 강하게 느껴져 적당한 떫은맛이 난다. 향도 충분히 끌어내므로 홍차다운 풍미를 느낄 수 있다.	중경수 (경도 100~300) 우바, 누와라엘리아, 다즐링 퍼스트플러시나 세컨드플러시 등 다즐링 특유의 자극적인 떫은맛을 완화시켜 부드럽게 한다. 향은 약간 약해지는 정도. 탕색은 진하게 나와서 색감을 높여준다.	경수 (경도 300 이상) 화닝그스, 더스트 등 잘게 분쇄된 찻잎을 사용한 블렌드티, 티백이나 훈연향이 진한 랍상소총 또는 향이 강한 허브 블렌드 등을 경수로 우리면 맛이 완화되고 향도 약해지므로 마시기 좋다.	수돗물을 꺼리게 되는 것은 염소냄새 때문이다. 정수기를 사용하여 냄새를 제거하면 훌륭한 찻물이 된다. 수도꼭지를 세게 틀어서 주전자에 담으면 산소가 많이 섞인 물을 얻을 수 있다.

경도가 너무 높은 물로 홍차를 우리면, 홍차의 타닌이 물속의 칼슘, 마그네슘과 결합하여 탕색이 커피처럼 검고 탁해져 홍차 본래의 맛과 향을 손상시킨다. 그러나 경도가 너무 낮은 연수를 사용하면 홍차의 성분이 지나치게 우러나서 떫은맛이 강해지는 반면 탕색은 옅어서 홍차 본래의 아름다운 색이 나오지 않는다.

다즐링 세컨드플러시를 **에비앙**으로 우렸을 때와 **삼다수**로 우렸을 때의 탕색 차이

중경수에 우린 홍차
에비앙

연수에 우린 홍차
삼다수

　원래 유럽의 물은 경도가 높아서 홍차에 적합하다고 말하기 어렵다. 그러나 섬나라인 영국의 물은 비교적 경도가 낮은 중경수이므로 홍차가 널리 보급되었다. 영국 물의 적절한 경도는 홍차의 맛과 향을 부드럽게 하고, 자극적인 떫은맛을 눌러서 마시기 좋게 한다. 탕색이 진하게 우러나므로 밀크티에 적합하다.

　한국의 물은 대부분이 경도 20~100 미만인 연수이므로 영국과는 반대로 탕색은 연하지만, 맛과 향은 강하게 추출된다. 우리나라에서는 찻잎의 양을 약간 적게 해야 떫은맛을 누를 수 있다.

홍차에 풍미를 더하는 우유

홍차에 적합한 우유는 열변성이 적은 저온살균 우유이다.

홍차에 우유를 넣으면 떫은맛이 완화되어 매끄러워지며 유지방을 함유한 쿠키와도 잘 어울린다. 우유는 크게 저온살균 우유와 초고온살균 우유로 나눈다. 우리나라에서는 초고온살균 우유가 일반적이지만, 최근에는 저온살균 우유도 다양한 종류가 판매되고 있다. 맛있는 밀크티를 만들기 위해서는 저온살균 우유가 적합하다. 저온살균한 우유는 단백질 열변성이 적어 누른듯한 독특한 우유 냄새가 없어서, 산뜻한 뒷맛을 느낄 수 있으며 달콤한 향이 감돈다.

 저온살균(LTLT : Low Temperature Long Time)

60도에서 30분 또는 75도에서 15초간 살균한 것으로, 시중에 몇몇 저온살균 우유가 판매되고 있다. 저온살균의 장점은 영양소 파괴가 덜 된다는 것이며, 단점은 그만큼 미생물도 많이 잔존하고 있어 보관이 어렵고 생산비용이 많이 들어 가격이 비싼 편이라는 점이다.

 초고온 살균(UHT : Ultra High Temperature)

130~135도에서 2~3초간 살균하는 방식으로 현재 가장 널리 사용된다. 높은 온도로 살균하기 때문에 미생물 증식에 의한 변질 가능성이 낮으며 일부 영양소의 변형으로 고소한 풍미가 난다. 생산성, 안전성 면에서 효율이 높다.

60도 30분 살균

75도 15초 살균

130도 2초 살균

홍차에는 저온살균 우유가 바람직하지만, 농후함을 원할 땐 초고온살균 우유를 사용한다.

저온살균 우유를 사용하여 밀크티를 만들면 홍차의 색감이 분명하게 남아 진한 갈색계 크림브라운을 만들어 낸다. 또한 입에 녹아드는 식감과 끈적한 무게감이 없다.

차이를 만들 때 저온살균 우유를 사용하면 따로 물을 넣지 않고 우유 100퍼센트에 찻잎을 넣고 끓여도 된다. 지방구와 단백질인 카제인미셀(우유를 하얗게 보이게 하는 성분)이 가열에 의해서 위로 떠오르고 아래쪽은 물에 가까운 농도의 연한 상태가 되므로, 찻잎이 수분을 흡수하여 충분히 펼쳐질 수 있기 때문이다. 이렇게 만든 차이는 보기에는 진해도 깔끔한 맛을 낸다.

한편, 초고온살균 우유는 살균과정에서 단백질과 칼슘이 눌어 버려 특유의 냄새가 나고 입안에 끈적하게 달라붙는 듯한 느낌이 들어서 홍차의 향에 방해요소가 될 수 있다. 차이를 초고온살균 우유로 만들 때는 찻잎이 잘 펴지지 않아서 차의 성분이 추출되기 어려우므로 반드시 소량의 물로 먼저 찻잎이 펴지게 하여 홍차 성분을 추출하고 나서 우유를 넣어야 한다.

설탕
설탕에도 여러 종류가 있다. 모양으로 분류해서 사용해 보자.

설탕은 마시는 사람의 취향에 맞춰 넣는다. 홍차 자체의 맛을 음미하기 위해서는 넣지 않는 것이 좋지만 설탕을 넣어서 홍차의 풍미를 가볍게 하는 것을 선호하는 사람도 있다. 특히 달콤할수록 풍미가 살아나는 차이에 설탕은 필수품이다.
모양에 따라 설탕을 선택하여 홍차 즐기기의 폭을 넓혀 보자.

1. 홍차에 가장 적합한 백설탕

2. 홍차를 한 모금 마시면서 입안에서 녹이는
   즐거움을 주는 각설탕

3. 홍차에 넣어 천천히 녹이면서 맛의 변화를
   즐기는 굵은 설탕

4. 홍차에 담궈서 서서히 녹여 마시는 막대설탕

CHAPTER

4

홍차 우리기

모든 홍차 만들기의 기본이 되는 블랙티 만들기부터 시원한 아이스티,
고소하고 부드러운 밀크티, 이국적인 풍미가 가득한 진하고 달콤한 차이,
그리고 언제 어디서나 간편하게 즐길 수 있는 티백까지, 홍차가 가진 매력을
최대한 끌어낼 수 있는 방법을 알아본다.

홍차의 기본, 블랙티

홍차 맛을 끌어내는 메커니즘을 이해하고 나면 최고의 한 잔을 만들어 낼 수 있다. 우선 기본 블랙티 우리는 법을 익히면 수없이 많은 홍차의 변주가 가능해진다. 신선한 물을 적당한 온도로 끓여서 딱 맞는 양의 찻잎을 넣고, 딱 맞는 시간 동안 우려서 맛있는 홍차를 만들어 보자.

모든 홍차 만들기의 기본이 되는 블랙티 만들기부터 시원한 아이스티, 고소하고 부드러운 밀크티, 이국적인 풍미가 가득한 진하고 달콤한 차이, 그리고 언제 어디서나 간편하게 즐길 수 있는 티백까지 홍차가 가진 매력을 최대한 끌어낼 수 있는 방법을 알아본다.

기본 블랙티 우리기

1인분
찻잎 5그램 / 뜨거운 물 350cc / 3~4분

1
데운 티포트에 티스푼으로 적량의 찻잎을 넣는다.

2
금방 끓은 신선한 열탕을 20~30센티 정도의 높은 위치
에서 힘차게 붓는다.

3
타이머를 사용하여 정확하게 시간을 잰다. 기온이 낮은
겨울에는 티코지를 덮고 시간이 되면 추출농도가 균일해
지도록 가볍게 티포트를 흔든다.

4
데운 찻잔에 스트레이너를 이용하여 따른다.

다즐링 퍼스트처럼
발효도가 낮은 홍차는 물 온도를
90도 정도로 낮추어야 한다.

5
찻잔에 따르고 남은 홍차는 별도의 티포트에 담아둔다.

골든룰
찻잎이 가진 본연의 맛과 향을 최대한 끌어내기 위해 생긴 기본 규칙을 말한다.

찻잎이 가진 맛을 충분히 끌어내기 위한 중요한 다섯 가지 기본룰
1. 양질의 찻잎 사용
2. 티포트 예열
3. 찻잎의 양 정확하게 측정
4. 신선한 끓인 물 사용
5. 우리는 시간 준수

홍차의 색향미
타닌에 의해 일어나는 맛과 향 그리고 색.

찻잎을 티포트로 우려서 찻잔에 부었을 때 홍차의 색향미 삼박자가 갖춰져야 한다. 홍차에는 4종류의 카테킨류가 모인 타닌이라는 성분과 홍차의 갈색을 내는 카테킨이 산화한 성분이 함유되어 있다. 맛을 구성하는 타닌은 떫은맛을 낼 뿐만 아니라 장미나 제비꽃을 연상시키는 홍차 특유의 향을 내는 요소이다. 또 홍차에 함유된 카페인은 강한 자극과 쓴맛을 낸다.

중국식 홍차 우리기

중국하면 오룡차가 먼저 떠오르지만 사실 홍차를 가장 먼저 생산한 곳이 중국이다. 중국에서는 작은 찻주전자나 뚜껑이 달린 개완蓋碗을 이용하여 찻잎을 넣고 여러 번 우려마시는 것이 특징이다. 여기서는 작고 귀여운 중국식 개완을 이용하는 방식을 소개한다.

혼자 가볍게 홍차를 즐기고 싶을 때는 도구를 최소화한 중국식 개완이 간편하다. 뚜껑이 달린 개완은 티포트의 역할과 찻잔의 역할을 동시에 하므로 나만의 시간을 즐길 때 더할나위 없는 도구다.

또 개완과 작은 찻잔을 준비해서 개완을 티포트의 용도로 사용하여 홍차를 넣고 우려서 찻잔에 따라 손님에게 내기도 한다. 홍차의 양을 넉넉히 하여 중국식으로 짧은 시간 여러 번 우려 마셔도 된다.

한 번만 우려 마시기

작은 개완에 홍차를 넣고, 뜨거운 물을 부어서
마시면 된다.

1인분
중국 홍차 1티스푼(2그램) / 뜨거운 물 100cc

1
개완에 찻잎을 넣고, 뜨거운 물을 붓고 뚜껑을 닫는다.

2
5분 후 뚜껑을 열고 마신다.

MAKING TEA

두 사람이 두 번 우려 마시기

개완을 티포트로 이용하여 홍차를 우리고,
잔에 나눠 따라 마신다.
홍차의 양을 늘리고, 추출시간을 단축하면
몇 번이고 계속 우려 마실 수 있다.

2인분
중국 홍차 2티스푼 / 뜨거운 물 100cc + 100cc

1
개완에 찻잎을 넣고, 뜨거운 물을 붓는다.

2
2분 우려서 두 개의 50cc 찻잔에 나누어 따른다(첫 번째 우리기).

개완을 사용하여 찻잔에 차를 따르는 것이
익숙하지 않을 때는 별도의 용기를 이용하
면 된다.

3
다시 뜨거운 물을 넣고, 1분이 지나면 찻잔에 나누어 따른다(두 번째 우리기).

Tip **개완 고르기**

• 잔과 뚜껑, 받침을 함께 들었을 때 안정감이 있는 것을 골라야 한다.
• 내 손에 맞는 크기로 가벼운 느낌이 드는 것이 좋다.
• 뚜껑은 커브(곡선)가 커서 향을 머금을 수 있어야 좋다.

UNIT
2

시원한 여름 홍차, 아이스티

뜨거운 여름날 수정 같은 얼음이 가득 들어 있는 아이스티 한 잔은 더위에 지친 몸과 마음을 상쾌하게 만들어 주는 최고의 음료이다. 홍차의 투명감을 최대한 살린 아이스티 만들기를 익혀 두면 다양한 아이스티 연출로 수많은 메뉴를 만들어 낼 수 있다.

아이스티로 만들기 좋은 홍차

아이스티의 매력은 무엇보다도 맑고 투명한 탕색이다. 맑은 청량감을 즐기기 좋은 찻잎은 인도산 닐기리, 스리랑카산 캔디, 딤블라, 아프리카산 케냐 홍차 등이다.
다즐링, 아삼, 우바, 누와라엘리아 등 타닌을 많이 함유한 개성이 강한 찻잎은 청량감을 내기가 어려우므로 우유를 넣어 아이스 밀크티를 만들면 좋다.

아이스티	닐기리, 캔디, 딤블라, 케냐CTC
아이스 밀크티	다즐링, 아삼, 우바, 누와라엘리아

MAKING TEA

기본 아이스티 만들기

아이스티의 청량감을 살리는 포인트는 두 번 급냉! 찻잎을 듬뿍 넣고 진하게 우려 얼음을 넣은 유리잔에 따라 희석하면서 아이스티를 만들어 마시기도 한다. 이렇게 하면 얼음이 든 유리잔의 아래쪽은 차갑고 위쪽은 아직 뜨거운 상태이므로, 이 온도 차 때문에 타닌이 뭉쳐져 탁한 크림색 홍차가 된다. 그러므로 두 번 급냉시켜 만들어야 청량감을 유지할 수 있다.

2인분
찻잎 2티스푼(4g) / 뜨거운 물 200cc
얼음 적당량 / 시럽 적당량

1
티포트에 찻잎을 넣는다.

2
뜨거운 물을 붓고 5~6분 정도 두어 충분히 우린다.

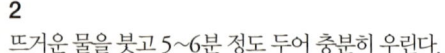

4

유리잔 2개에 얼음을 8할 정도 채워둔다. 3의 홍차를 넣어 준비된 유리잔에 따른다.

3

우린 홍차를 거름망에 대고 입이 넓은 용기에 얼음을 3할 정도 넣고 옮겨 담는다.

다른 용도로 사용할 아이스티는 용기에 담아 상온에 보관한다.

주의!

얼음으로 급냉시키는 것이 포인트. 냉장고에서 천천히 온도를 떨어뜨리면, 크림 다운(탕색이 탁해지는 현상)을 일으킨다.

 **크림 다운이란?**

집에서 아이스티를 만들었더니 탕색이 뿌옇게 탁해져 놀란 사람이 많을 것이다. 크림 다운 현상으로 뜨거운 물에 녹아나온 타닌과 카페인이 식어서 결합하여 떫은맛이 나면서 탁해지는 현상이다. 냉침법으로 만들면 뜨거운 물을 사용하지 않으므로 크림 다운이 일어나지 않는 맑고 투명감 있는 홍차를 만들어 낼 수 있다.

냉침법

찬물에 홍차를 넣어 우리기만 하면 되는 가장 간편
한 아이스티 만드는 방법이다. 산뜻한 맛을 살리고
카페인이 적으며 며칠간 보존이 가능하다.
냉침법에 맞는 찻잎은 다즐링이나 누와라엘리아 등
고지에서 재배된 향이 좋고 떫은맛도 강한 것이 좋
지만, 어느 홍차로 하더라도 순하고 깔끔한 마시기
좋은 홍차가 된다. 물은 경수보다 연수에 맞으므로
우리나라 물이면 본래의 풍미를 살릴 수 있다.

찻잎 15그램, 물 2리터

1
2리터 페트병의 물을 약간 덜어내고 물과 찻잎 15그램을
넣는다.

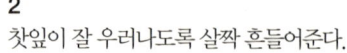

2
찻잎이 잘 우러나도록 살짝 흔들어준다.

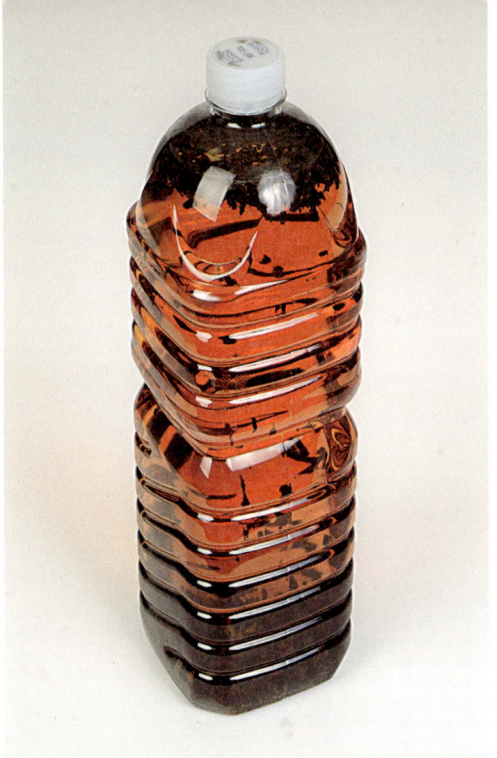

3
상온에서 8시간 정도 지나면 성분이 추출된다.

주의!
얼음을 사용하여
아이스티로 마실 때는
찻잎의 양을 조금 늘려서
진하게 우린다.

4
찻잎을 걸러내고 별도의 병에 담아
냉장고에 보관한다.

설탕 시럽 만들기

1. 설탕 500g을 믹서에 넣는다.
2. 끓여서 식힌 물 350cc를 1에 넣는다.
3. 믹서를 5～6분 돌리고 그대로 30분 정도 두면,
   700cc 정도의 설탕 시럽이 완성된다. 당도가 높
   으므로 상온에서 보존 가능하지만 보존용기는 열
   탕 소독한 것을 사용한다.

홍차 시럽 만들기

준비 : 홍차 티백 4개, 물 300㎖, 설탕 200g～300g,
레몬즙 약간

1. 냄비에 물을 붓고 끓인다.
2. 물이 끓으면 티백 4개를 넣고 조금 더 끓이다가
   불을 끄고 뚜껑을 닫고 10분 정도 둔다.
3. 티백을 건져내고 설탕을 넣은 후 2분 정도 그대로
   두고 녹인다.
4. 다시 불에 올려 팔팔 끓으면 불을 낮추어 10분 정
   도 뭉글해지도록 졸인다.

매혹적인 크림브라운, 밀크티

홍차가 사랑받는 이유 중의 하나가 바로 우유와의 만남 때문일 것이다. 우유는 홍차의 떫은맛을 부드럽게 해 매끄러운 식감을 선사한다.

밀크티를 만들 때는 우유를 넣어도 맛과 향이 그대로 전달되는 강한 개성을 가진 찻잎을 고르는 것이 중요한 포인트. 맛과 향뿐만 아니라 맛깔스러운 크림브라운을 내는 찻잎을 써야 한다.

영국처럼 석회분이 많고 경도가 높은 수질을 가진 곳에서는 대부분의 찻잎이 짙은 붉은색이나 검은빛이 도는 진한 붉은색을 내기 때문에 우유를 넣으면 유혹적인 크림브라운이 나온다. 그러나 우리나라처럼 수질이 연수인 곳에서는 탕색이 엷어서 고운 밀크브라운을 만들기 어려우므로 짙은 탕색이 나오는 찻잎을 사용해야 한다.

찻잎의 선택

밀크티용으로는 인도산 다즐링, 아삼, 스리랑카산 우바, 중국산 기문 등이 좋다. 또 같은 다즐링이라도 퍼스트플러시가 아니라 서드티나 오툼널 등 탕색이 진한 쪽이 좋다. 시중에서 쉽게 구할 수 있는 홍차는 대부분 블렌드티이고, 블렌드티는 대부분 밀크티로 만들기에 적합하다.

밀크티	다즐링, 아삼, 우바, 기문 , 잉글리쉬브렉퍼스트 등
차이	아삼F, 아삼D, 스리랑카BOP, CTC

기본 밀크티 만들기

상온의 찬우유를 취향에 맞게 찻잔에 넣는다.
우유를 먼저 넣든 나중에 넣든 상관없다.
신선한 우유를 넣어도 홍차가 미지근해지지 않게
하려면 찻잔은 따뜻하게 데워둘 것.

2인분
찻잎 2티스푼(4그램) / 뜨거운 물 350cc
저온살균 우유 20~30cc

1
신선한 우유를 넣으므로 홍차가 미지근해지지 않도록
찻잔을 미리 데워둔다.

2
티포트에 홍차를 넣는다.

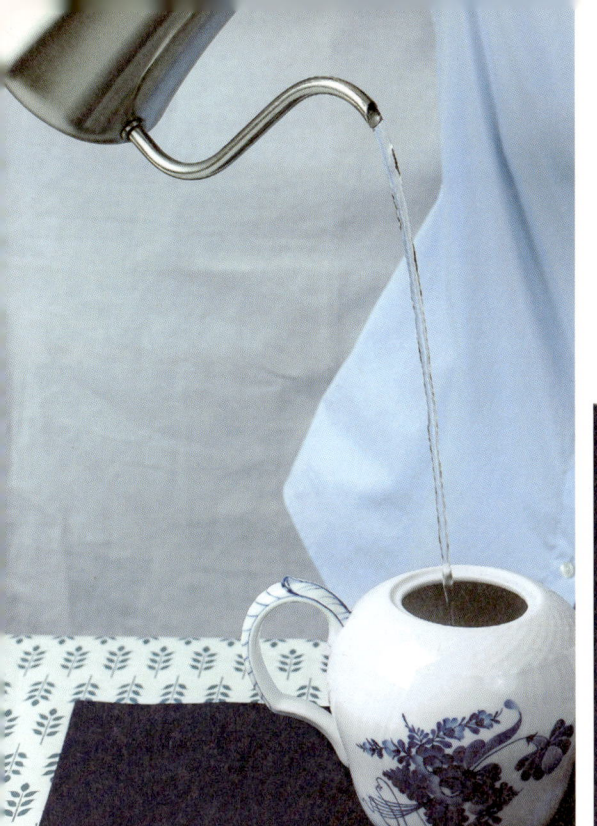

3
티포트에 뜨거운 물을 붓는다. 물은 대담하게 20~30센티미터 위에서 붓는다.

4
저온살균 우유 20~30cc 정도를 데운 찻잔에 넣는다.

5
충분히 우러난 홍차를 찻잔에 따른다. 미지근한 느낌을 없애기 위해 9할까지 따른다.

피로의 특효약, 차이

인도식 밀크티 차이는 주전자나 티포트를 사용하지 않고 냄비(밀크팬)에 물과 우유, 찻잎을 넣고 직접 끓여서 만든다. 진하게 끓여낸 차이의 달콤하고 농후한 맛은 피로에 지쳤을 때 특효약이 된다. 인도에서는 기차 안에도 차이를 파는 행상이 지나다닌다. 홍차 티백에 설탕이 들어 있는 뜨거운 우유를 부은 간단한 차이지만 오랜 여행에 지친 사람들의 피로를 풀어주기에 충분하다.

차이 찻잔은 도기나 유리, 자기 등 소재의 재미를 살려 연출한다. 밀크티 자체가 농후하므로 티푸드는 무겁지 않은 것을 고른다.

찻잎의 선택

차이는 우유와 함께 끓이므로 풍미가 잘 드러나는 분쇄 타입의 아삼, 우바, 루후나 등이 좋다. 인도에서는 아삼티가 가장 많이 사용된다. 패닝(F)이나 더스트(D), 또는 CTC차가 대부분인데, 추출시간이 짧은 것이 특징이다.

기본 차이 만들기

저온살균 우유는 따로 물을 넣지 않고 우유만으로
만들어도 되지만, 시중에서 쉽게 구할 수 있는
초고온살균 우유는 물을 사용한다.

2인분
찻잎 3티스푼(6그램) / 우유 240cc
뜨거운 물 160cc(물40퍼센트(160cc),
우유 60퍼센트(240cc)로 하여 400cc)
설탕 적당량

1
밀크팬에 물을 넣고 끓으면 불을 끄고, 찻잎을 넣어서 5~6분 우린다.

2
찻잎이 완전히 펴진 것을 확인한 후 불에 올리고 우유를 붓는다.

3
냄비 안쪽에 미세한 거품이 나고 전체가 부풀면서 끓어
오르면 불을 끈다. 너무 끓이면 냄새가 나거나 찻잎과 우
유의 풍미가 떨어진다.

4
거름망을 이용하여 포트에 옮겨 담은 후 찻잔에 따른다.
설탕은 우유와 함께 넣어도 되고, 취향에 맞게 나중에 넣어 마셔도 된다.

 스파이스 차이(마샬라티)

인도에서는 스파이스를 혼합하여 분쇄한 것을 차와 섞어서 차이를 끓이는데, 이것을 마샬라티라고 부른다. 마샬라티에 들어가는 향신료는 약재의 역할을 하므로 몸을 따듯하게 해주고 감기를 날려버리는 데 있어 최고의 음료가 된다.

　시중에서 스파이스가 혼합된 마샬라티를 쉽게 구할 수 있지만, 각종 향신료를 분쇄해서 집에서 만들어 보자. 마샬라티에 주로 많이 사용되는 향신료는 카다몬 Cardamon, 생강Ginger, 정향Clove, 너트맥Nutmeg, 계피Cinnamon 등인데, 취향에 따라 가감하면 된다. 백화점이나 규모가 큰 마트의 향신료 코너 또는 경동시장 등에서 쉽게 구할 수 있다.

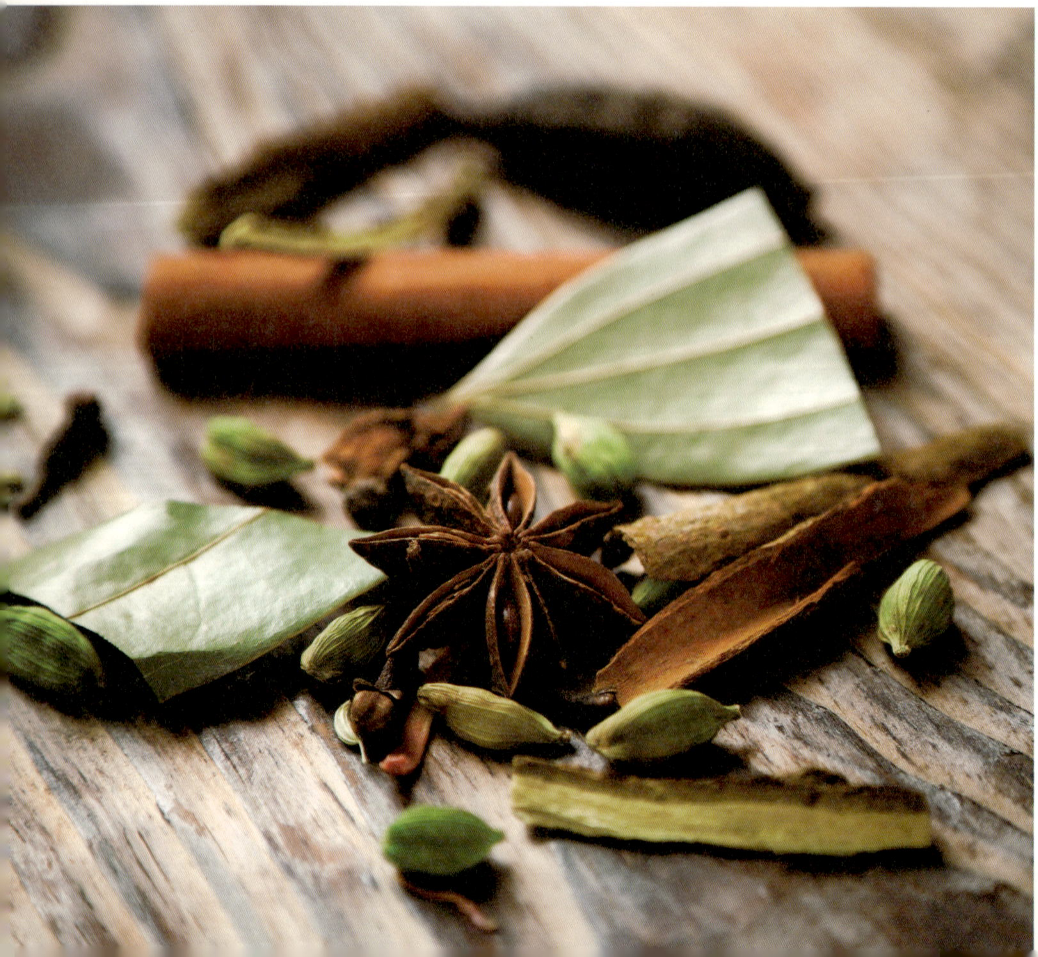

홍차에 어울리는 스파이스의 종류와 특징

카다몬 *Cardamon*

카레 때문에 익숙한 향이다.
시원하고 자극적인 맛, 동양적인
향기. 열매를 잘라 안쪽 종자의
청량감을 즐긴다.

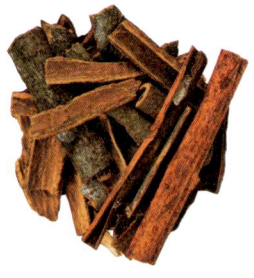

시나몬(계피) *Cinnamon*

껍질이 두껍다. 끓이면 단맛과
강한 계피향이 난다.
파우더로 된 것을 사용해도 된다.

생강 *Ginger*

톡 쏘는 자극, 상큼한 향과 단맛.
말린 것은 부숴서,
날것은 슬라이스해서 사용한다.

정향
Clove

머리부분을 분쇄하면 쓴맛과
독특하고 달콤하고 상쾌한 향이 난다.

스타아니스(팔각)
Star Anise

중국요리에 많이 쓰인다.
향이 강해서 약간만 넣어도 된다.

블랙페퍼(흑후추)
Black Pepper

우유 냄새를 없애는
목적으로 사용한다.

너트맥 *Nutmeg*

고소하고 달콤한 향, 껍질을
빗기고 열매를 부숴서 사용한다.

MAKING TEA

스파이스 차이 만들기

2인분
찻잎 3티스푼(6그램)
스파이스(카다몬 3개, 정향(크로브) 2개, 시나몬(계피) 1조각(2×2), 생강(2×2), 스타아니스(팔각) 1개, 블랙페퍼 3개)
우유 240cc
뜨거운 물 160cc

1
밀크팬에 물과 적당하게 분쇄한 스파이스를 넣고 끓인다.

2
충분히 끓은 후 불을 끄고 찻잎을 넣어 5~6분간 우린다.

3
다시 불에 올린 후 우유와 설탕을 넣고 끓어오르면 불을 끈다.

4
거름망을 이용해 포트에 옮겨 담은 후 찻잔에 따른다.

너트 차이 만들기

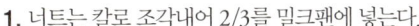

아몬드, 캐슈너트, 피넛 등을 잘게 부셔서 밀크티와 섞으면 고소한 맛이 입안 가득히 퍼져 풍요로운 기분을 만들어준다. 너트는 입자를 그대로 찻잔에 넣고, 밀크티와 함께 오도독 씹히는 넛츠 맛을 즐기도록 연출해보자.

1인분
찻잎 2티스푼
너트(아몬드, 캐슈너트, 피넛 어떤 것도 가능)
3~4알 / 우유 210cc / 휘핑크림 적당량
뜨거운 물 140cc

1. 너트는 칼로 조각내어 2/3를 밀크팬에 넣는다.
2. 1의 밀크팬에 뜨거운 물 140cc와 찻잎을 넣고 불에 올린다.
3. 찻잎이 완전히 펴져서 홍차가 추출되면 우유를 넣고 끓인다.
4. 차가운 찻잔에 휘핑크림을 넣고 그 위에 남은 넛츠 조각을 뿌린다.
5. 완성된 밀크티를 티포트에 옮겨 담은 후 찻잔에 따른다.

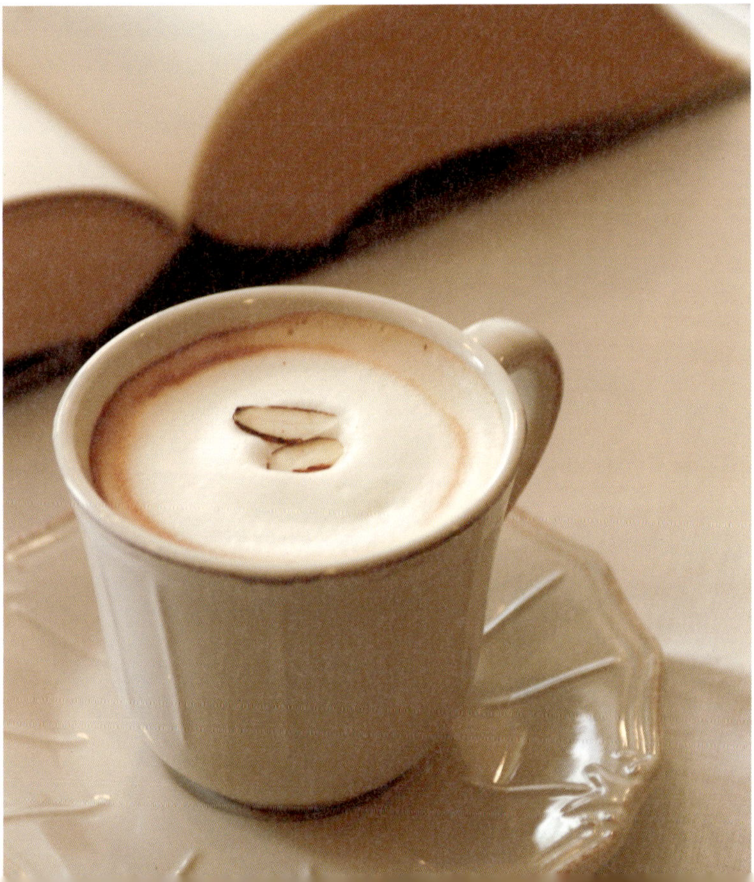

간편한 티타임, 티백

가장 간편한 홍차 티백!

요즘은 비교적 품질이 좋은 찻잎으로 만든 티백도 쉽게 구할 수 있다.

약간만 신경 쓰면 티백으로도 제대로 된 홍차를 즐길 수 있다.

티백보다 뜨거운 물을 먼저 넣는 것이 포인트!

포트에 우리기

티포트에 찻잎 대신 티백을 넣는 편리한 방식이다.

2인분
티백 2개 / 뜨거운 물 400cc / 3~4분

1

티포트에 뜨거운 물을 붓는다.
티백을 먼저 넣지 말고 뜨거운 물을 먼저 넣을 것.
티백을 먼저 넣으면 뜨거운 물을 붓는 압력에 의해 섬유
질이 추출되어버린다.

2

뜨거운 물 위에 티백을 살며시 넣는다.

3

뚜껑을 덮는다. 티백의 끈을 흔들지 말고 그대로 둔다.

4

홍차가 추출되면서 티백이 위로 떠올랐다가 가라앉으려
할 때가 가장 알맞은 타이밍. 포트에 티백이 남아 있으면
섬유질이 추출되므로 꺼내 놓고 찻잔에 따른다.

찻잔에 직접 우리기

언제 어느 때나 간편하게 즐길 수 있는 것이 티백의 매력. 특별한 도구가 필요 없는 편리함을 즐긴다.

1인분
티백 1개 / 뜨거운 물 200cc
찻잔 / 3~4분

1
찻잔에 8~9부까지 열탕을 넉넉히 붓는다.

2
티백을 넣는다. 뚜껑이 있는 머그컵을 사용할 때는 보온을 위해 뚜껑을 덮어둔다.

3
약 2분 정도면 성분이 충분히 우러난다. 티백을 흔들지 말고 살며시 끌어올린다.

여러 종류의 티백을 티포트에 함께 넣어서 우리기만 해도 간편한 나만의 블렌드티를 만들 수 있다. 홍차끼리 조합시켜 새로운 맛을 만들어 낼 수 있을 뿐만 아니라 그날의 기분에 따라서 홍차 티백에 허브차 티백을 넣거나, 보이차 티백을 넣어서 조화시켜도 된다.

홍차의 또 다른 세계
플레이버티

홍차에 약간의 변화를 주어 색다른 맛을
연출해 보자. 신선한 과일을 잘라서, 아이스티와
조합시키면 새콤달콤하고 상큼한 맛이 되며
보기에도 근사한 메뉴가 된다. 홍차는 오렌지나 딸기 등과
잘 어울리므로 계절 과일을 사용하여 티펀치를
만들어도 상쾌함을 즐길 수 있다.
또, 신선한 허브를 넣으면 힐링 홍차가 완성된다.
스파이스 향이 자극적인 차이와 브랜디나 위스키를
살짝 뿌린 브랜드티로 지친 일상의 피로를 풀고
여유로운 한때를 보내는 것도 즐겁다.

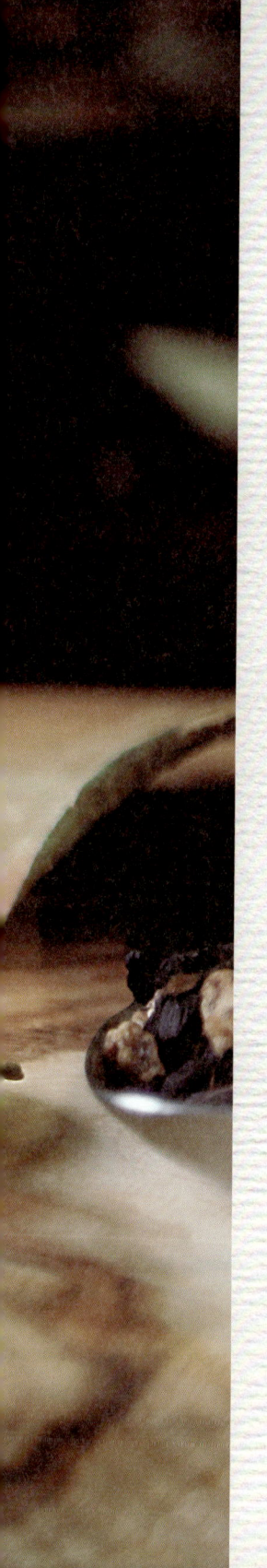

향을 머금은 찻잎, 플레이버티

찻잎은 원래 향을 잘 흡수하므로 보관할 때 주의가 필요하다. 홍차회사에서는 찻잎의 이런 특성을 살려서 꽃과 과일 등을 섞어서 고유 블렌드티를 만든다. 홍차베이스 플레이버 티의 대표격인 얼그레이는 영국 수상이었던 찰스 그레이 백작이 애용한 레시피를 이용한 것인데, 중국 기문 홍차에 베르가못 향을 넣은 것이다.

어떤 꽃과 과일을 조합시키면 홍차와 어울리는 고운 꽃향과 달콤한 과일향을 내는지 찾아보자.

만다리나

러시아 얼그레이 샤프란

차이

마리아쥬 프레르 얼그레이

해로즈 퀸 블렌드

　같은 향수라도 사용하는 사람에 따라 향이 달라지듯이 찻잎과 플레이버에도 서로의 매력을 높여주는 궁합이 있다. 향은 사람마다 취향이 다르므로 정해진 룰은 없지만, 계절 감각을 살리면 좋은 선택이 될 것이다. 봄에는 신선미가 돋보이는 꽃향을, 여름에는 감귤이나 민트가 들어 있는 상큼한 향을, 서늘한 가을이나 추운 겨울에는 밀크티로 만들기 좋은 스파이스나 초콜릿 또는 바닐라처럼 달콤한 향을 이용하면 좋다. 개봉하지 않으면 2년 정도는 그대로 보존이 되므로 나만의 레시피를 만들어 선물하기에도 좋다.

　플레이버티는 차광성이 높은 캔에 넣어서 상온에 보관한다. 티포트는 그릇에 향이 밸 염려가 없는 자기나 내열 유리를 사용한다.

홍차와 과일의 만남, 후르츠티

홍차의 향을 표현할 때 플로랄, 후르츠 등 꽃이나 과일을 뜻하는 단어를 사용할 정도로 홍차 자체가 달콤한 향을 가지고 있으므로 신선한 과일과 잘 어울린다. 홍차에 신선한 과일을 넣어서 계절감이나 신선함을 살린 홍차를 만들어 보자.

후르츠티에는 향이 좋은 과일을!
후르츠티에 넣을 과일은 맛보다 향에 중점을 두고 고른다. 또한 너무 익은 과일보다 신선한 과일을 우선으로 한다.

후르츠티에 적합한 과일과 사용법

	과육	껍질	과육과 껍질	으깨서 넣음
오렌지			○	○
자몽			○	○
귤			○	○
사과			○	
바나나	○			○
파인애플	○			
딸기			○	○
복숭아			○	
멜론	○			
포도			○	

개성이 강하지 않은 무난한 찻잎을!
어떤 과일과 만나도 무난한 찻잎을 고른다.
BOP타입이나 CTC차는 3~4분이면 추출되므로 과일 향이 날아가기 전에 추출할 수 있다. 캔디, 딤블라 또 이들을 블렌드한 홍차, 케냐 CTC차나 인도네시아 홍차가 좋다.

애플티

홍차의 향과 가장 잘 어울리는 과일은 바로 사과다. 사과에도 여러 종류가 있지만, 붉은 홍차에는 녹색 사과가 더 잘 어울린다. 애플티의 매력은 새콤달콤한 향, 사과에서 나오는 과당의 단맛이다. 여기에 사과잼과 크림을 얹은 티푸드나 애플파이를 함께 내면 안성맞춤.

1. 2~3밀리로 자른 사과 4~5조각을 준비한다.
2. 데워둔 잔에 사과 2~3조각을 넣고, 그 위에 로제와인을 뿌린다.
3. 티포트 속에 남은 사과와 찻잎을 넣고, 뜨거운 물을 붓는다.
4. 잘 우러난 홍차를 데워둔 찻잔에 따른다.

| 재료 | 1인분

찻잎 2티스푼
사과(두께 2~3밀리) 4~5조각
로제와인 1/3티스푼

(찻잎은 **사람 수 + 1스푼**이 기준
뜨거운 물은 1인분에 350cc가 기준)

파인애플티

파인애플의 산 때문에 탕색이 약간 엷어지지만, 열대의 향과 파인애플의 단맛을 즐길 수 있다.

1. 껍질을 벗기지 않은 파인애플을 2~3밀리 두께로 조각낸 뒤 한 조각을 데워둔 찻잔에 넣어 장식용으로 연출하고, 로제와인을 뿌려둔다.

2. 남은 파인애플은 껍질을 벗기고 칼등으로 살짝 두드려서 포트에 넣는다.

3. 포트에 찻잎을 넣고 뜨거운 물을 부어서 잘 우리고, 준비해둔 찻잔에 따른다.

| 재료 | 1인분

찻잎 2티스푼
파인애플(세로로 자른 것) 1/4
로제와인 1/3티스푼

(찻잎은 사람 수 + 1스푼이 기준
뜨거운 물은 1인분에 350cc가 기준)

오렌지티

오렌지의 강한 향과 가로로 자른 오렌지의 화려한 모습 때문에 인도의 화원 이름
을 따서 '샤리마티'라고도 한다.

1. 데워둔 찻잔에 오렌지 조각을 넣
   어 둔다.
2. 얇게 저민 오렌지껍질은 손가락
   으로 약간 눌러서 포트에 넣는다.
3. 포트에 찻잎을 넣고, 뜨거운 물
   을 부어 우린 후 준비해 둔 잔에
   따른다.

껍질을 사용하므로 무농약, 유기농
제품을 사용한다

| 재료 | 1인분

찻잎 2티스푼
오렌지 2~3밀리로 자른 것 1개
오렌지껍질(사방 1센티) 2~3개
(찻잎은 **사람 수 + 1스푼**이 기준
뜨거운 물은 1인분에 350CC가 기준)

UNIT
3

건강과 힐링, 허브티

홍차에 허브를 넣은 건강 홍차

홍차에 허브를 넣어 식욕을 증진시키고 몸을 따뜻하게 하는 건강홍차를 만들어 본다. 허브만 사용한 허브티 보다 홍차에 허브를 넣은 허브 홍차가 한층 더 풍성한 맛을 만들어 낸다.

찻잎 선택

과일차를 만들 때와 마찬가지로 찻잎의 개성이 너무 강하지 않아야 허브의 풍미를 살릴 수 있다. 일반적으로 스리랑카 캔디나, 딤블라, 케냐 CTC, 인도 닐기리가 무난하다. 홍차가 주인이고 허브는 객이므로 허브의 양은 적게 한다.

홍차에 어울리는 허브

허브	개략	맛과 향
민트류 Mint	음료와 요리 과자에 널리 사용한다.	청량감, 상쾌한 맛
레몬그라스 Lemon Grass	스프, 카레, 고기요리, 차에 넣는다.	레몬보다 약간 풋맛
카모마일 Chamomile	꽃부분을 사용. 약용효과가 높고 해열, 안면작용, 복통, 소화에 좋다.	단맛이 있고 부드러운 사과의 풍미
레몬 밤 Lemon Balm	프랑스에서 옛 부터 인기가 많다.	레몬과 유사한 상쾌한 향, 약간의 단맛
린덴 Linden	'베이비티'로 알려짐. 아기를 안정시키는데 효과가 있다.	부드러운 맛, 달콤한 향
라벤다 Lavender	뿌리, 꽃, 잎 진세가 강한 방향을 가진다. 보랏빛 꽃이다.	시원하고 깔끔한 향
타임 Thyme	유럽, 서아시아, 북아프리카 원산. 지면에 낮게 자란다.	톡 쏘는 자극, 강한 향
세이지 Sage	많은 종류가 있음. 식용으로 판매되는 것을 구입한다.	장뇌와 유사한 깔끔한 향
로즈마리 Rosemary	아시아, 지중해연안 원산. 물가에서 잘 자란다.	청량감이 깅힌 향

민트티

스피아민트, 페퍼민트, 애플민트 등 종류도 다양하고 구하기도 쉽다. 청량감과 상쾌한 풍미 때문에 옛부터 허브티로 사용하였다. 더운 나라인 태국에서는 신선한 민트 잎을 손으로 잘라 홍차에 넣어 마시는 민트티가 전통적으로 인기가 높다.

1. 장식용 후레시 민트 잎 1~2장을 데운 찻잔에 넣고, 설탕과 로제와인을 뿌려둔다.

2. 민트 잎을 손가락으로 살살 문질러 포트에 넣는다. 드라이 민트는 그대로 넣는다.

3. 민트가 들어 있는 포트에 찻잎을 넣고, 뜨거운 물을 붓고 우려서 찻잔에 따른다.

| 재료 | 1인분

찻잎 2티스푼
신선한 민트 잎 4~5장
또는 드라이 민트 조금
설탕 1/2티스푼
로제와인 1/3티스푼

카모마일 애플티

'대지의 사과'라고 불리는 카모마일은 진정효과가 뛰어나다. 애플티에 사과향과
유사한 향을 내는 카모마일을 더해서 감미로운 풍미를 만들어낸다.

1. 데운 찻잔에 사과 조각 2개를 넣
   어둔다.
2. 카모마일과 남은 사과를 포트에
   넣는다.
3. 포트에 찻잎을 넣고, 뜨거운 물
   을 부어 우린 후 찻잔에 따른다.
4. 찻잔에 장식용 카모마일을 첨가
   한다.

| 재료 | 1인분

찻잎 가볍게 2티스푼
카모마일 잎 4〜5장
또는 말린 카모마일 잎 조금
2〜3밀리 두께 사과조각 3〜4개

진저티

추운 겨울밤 또는 감기 기운이 느껴질 때 몸을 따뜻하게 해주는 진저티는 최고의 건강음료다. 생강은 사철 쉽게 구할 수 있고 보관도 용이하므로 어느 집에서나 상비할 수 있다. 생강은 상쾌한 단향이 나고 단맛도 있어서 홍차의 떫은맛을 완화해 마시기 좋고 벌꿀을 넣으면 피로회복용 건강차가 된다.

번거로울 때는 시중에 판매되는 액상 꿀 생강차를 홍차에 넣어 마시면 된다.

1. 생강 껍질을 벗기고 강판에 갈아 뜨거운 물을 약간 부어 생강 엑기스를 만든다.
2. 티포트에 찻잎을 넣고 뜨거운 물을 부어 우린다.
3. 생강 엑기스에 우러난 홍차를 넣는다.
4. 찻잔에 스트레이너를 이용하여 위의 생강 홍차를 따르고 꿀이나 설탕을 넣는다.

| 재료 | 1인분 |

찻잎 2티스푼
생강 적당량
꿀 적당량

UNIT 4

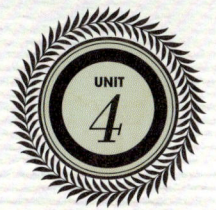

홍차와 술의 만남, 브랜디 아이리시티

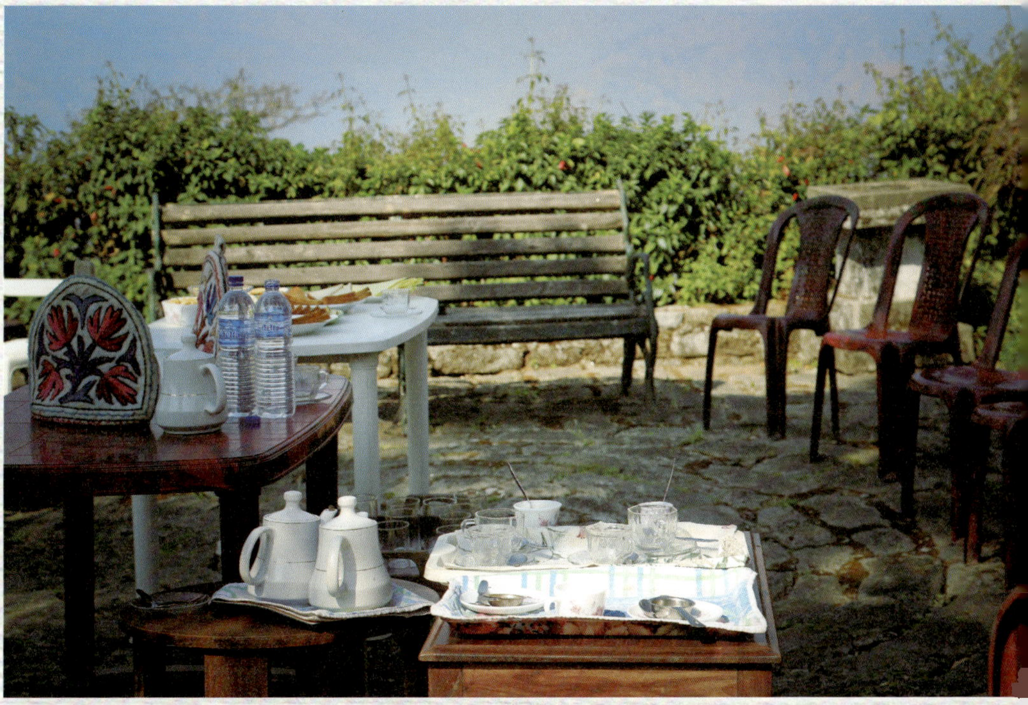

뜨거운 홍차에 알코올음료를 넣어 몸과 마음을 따듯하게.

추운 날 몸을 따듯하게 하는 데도 좋고, 피로 회복이 필요할 때도 좋다. 티포트에 넣은 뜨거운 홍차에 브랜디나 위스키를 약간 넣고 과일이나 잼, 허브나 스파이스, 그리고 우유를 넣어 많은 메뉴를 만들 수 있다.

브랜디 밀크티

크리미한 풍미에 향기로운 브랜디 향으로 호화로움을 즐긴다. 여기에 적합한 찻잎은 다즐링, 기문, 우바, 누와라엘리아, 얼그레이 등 향이 좋은 홍차.

1. 따뜻하게 데운 찻잔에 우유를 넣는다.

2. 브랜디를 찻잔에 넣는다.

3. 포트에 찻잎을 넣고 뜨거운 물 350cc를 부어 잘 우려서 찻잔에 따른다.

| **재료** | **1인분**

찻잎 2티스푼   브랜디 10~15cc   우유 20~30cc

아이리시 밀크티

아이리시 위스키가 없을 때는 다른 위스키로 대용해도 좋다. 추운 날 마시기 좋다. 찻잎은 아삼, 기문, 우바 등 특징이 명료한 것으로.

1. 따듯하게 데운 찻잔에 거품 낸 우유를 넣는다.
2. 아이리시 위스키를 찻잔에 넣는다.
3. 포트에 찻잎을 넣고, 뜨거운 물 350cc를 부어 잘 우린 후 찻잔에 따른다.

| 재료 | 1인분

찻잎 2티스푼
아이리시위스키 20~30cc
우유 40~50cc

UNIT 5

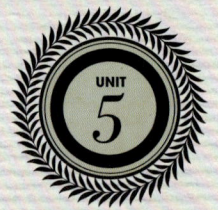

내손으로 만드는 카페 메뉴, 아이스 플레이버티

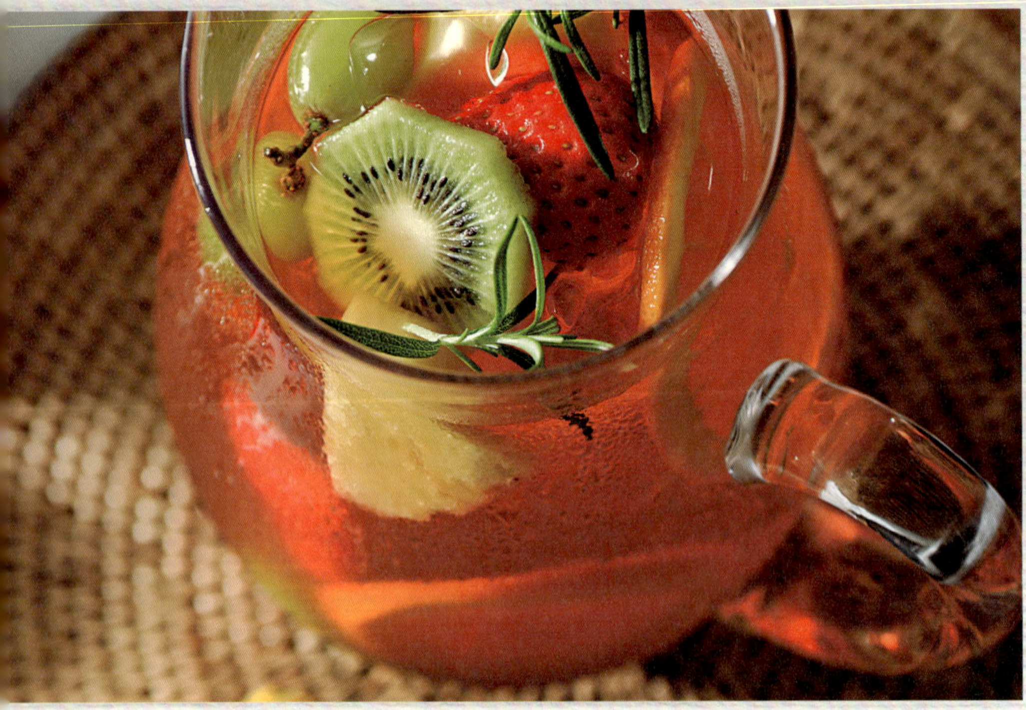

투명한 유리잔에 아이스티를 담기만 해도 훌륭한 메뉴가 된다. 여기에 집에 있는 각종 과일이나 허브를 넣어 맛있고 예쁜 홍차를 만들어 친구를 초대해 보자. 더운 여름날 더없이 좋은 접대용 음료가 될 것이다.

아이스 메론티

여름 과일 중에서 가장 산뜻한 느낌을 주는 메론을 유리잔에 넣거나 장식하고 시
각적인 즐거움과 향을 연출한다.

1. 조각배 모양으로 자른 메론 가운
   데를 반으로 잘라 한쪽 편을 3등
   분하여 유리잔에 넣는다.
2. 분쇄한 얼음을 유리잔 7할까지
   채우고 아이스티를 붓는다.
3. 남는 메론은 유리잔에 걸치거나
   띄워서 장식한다.
4. 취향에 따라 시럽으로 단맛을 더
   한다.

ㅣ **재료** ㅣ   **1인분**

아이스티 120cc
메론(1/4개를 1센티 두께로 조각배
모양으로 자른 것) 1개
분쇄한 얼음 적당량
시럽 적당량

아이스 스트로베리티

달콤한 딸기 향이 매력적인 아이스티. 딸기의 과당이 홍차에 스며들어 은은한 달콤함이 느껴진다. 딸기의 초록색 꼭지 부분이 홍차의 붉은색을 더 선명하게 부각시키므로 버리지 말고 장식용으로 사용한다.

1. 딸기 1개는 꼭지를 따고 가로로 1/2로 자르고 상부를 다시 1/2로 자른다.
2. 딸기의 아랫부분은 손으로 살짝 으깨 과즙이 나오게 해서 유리잔에 넣는다.
3. 분쇄한 얼음을 유리잔의 7할 정도 채우고 아이스티를 붓는다.
4. 잘라놓은 딸기를 유리잔에 띄우고 유리잔 가장자리에 딸기 1개를 장식한다.
5. 취향에 맞게 시럽을 넣어 단맛을 첨가한다.

| 재료 | 1인분

아이스티 120cc
딸기(초록색 꼭지가 달린 채로) 2개
분쇄한 얼음 적당량
시럽 적당량

아이스티에 우유가 들어가면 떫은맛이 완화되어 부드러워진다. 여기에 딸기의 과즙이 스며들면 딸기 향이 나는 곱고 연한 핑크색 메뉴가 만들어진다. 시럽을 약간 넣으면 한층 더 조화로운 맛이 만들어진다. 우유를 넣어 아이스 밀크스트로베리티를 만들어도 좋다.

아이스 정산소종 레몬티

처음으로 유럽인들을 매료시킨 홍차는 정산소종Lapsang Souchong, 正山小種이다.
정산소종은 용안龍眼향과 소나무 훈연향이라는 독특한 향미를 가진다. 정산소종
은 뜨거운 물로 우려도 매력적인 맛과 향을 내지만, 차가워도 그 이상의 묘미를
더해준다.

1. 정산소종을 이용하여 급냉시킨
   기본 아이스티를 만든다.
2. 유리잔에 얼음을 8할 정도 담은
   후 1을 붓는다.
3. 레몬을 띄워서 낸다.

| 재료 | 1인분

정산소종 2티스푼
아이스티 120cc
얼음 적당량
시럽 적당량
레몬

티 펀치

인도의 왕이 더위를 이기기 위해 마셨다는 펀치는 힌두어로 숫자 5를 의미한다.
과일 다섯 종류를 넣고 약간의 술을 넣은 아이스티를 부어서 칵테일처럼 마신 것
이 전해져 온 것이다. 더운 여름날 손님을 초대했을 때 아이스티의 투명감과 갖가
지 과일의 풍미가 잘 어우러진 화려한 색감을 내는 티펀치를 만들어 보자.

1. 과일은 껍질째 한입 크기로 썬
   다.
2. 큰 펀치 볼에 아이스티, 레드와인
   을 붓고 설탕시럽을 충분히 저어
   가며 섞는다.
3. 썰어놓은 과일을 넣는다.
4. 얼음을 가득 넣고 탄산수를 부은
   다음 신선한 허브 잎으로 장식
   한다.

| 재료 | 10인분

과일(딸기, 파인애플, 레몬, 오렌지,
사과 등) 200그램
아이스티(닐기리, 캔디 등) 2리터
레드와인 50cc
설탕시럽 300cc
얼음 적당량
탄산수 100cc
생허브(민트, 로즈마리 등) 조금

떼오오랑쥬

닐기리의 상쾌함과 새콤달콤한 오렌지주스가 조화를 이루면 상큼한 꽃밭의 이미지를 만들어 낸다. 붉은 홍차에 오렌지색이 어울려 청량감을 더한다.

1. 닐기리 홍차로 기본 아이스티를 만든다.
2. 오렌지주스와 설탕시럽을 잘 섞어 유리잔에 넣고 데코레이션용 얼음을 넣는다.
3. 2에 1의 아이스티를 따른다. 아래의 오렌지시럽 층과 섞이지 않게 얼음 위에 붓는다.

| 재료 | 1인분

아이스티 120cc
닐기리 2티스푼
오렌지 주스 40cc
설탕시럽 30cc
얼음 적당량

라벤더 그레이프 후르츠티

라벤더는 프랑스어로 '씻다'라는 의미를 가지고 있는데, 청결감과 순수함을 나타내며, 미용이나 건강용품에도 많이 이용한다. 상쾌한 자몽에 청량감을 살려주는 라벤더를 섞어보았다.

1. 포트에 라벤더를 1/5티스푼 넣는다.
2. 얇게 저민 자몽 껍질을 손으로 으깨면서 포트에 넣는다.
3. 포트에 찻잎을 넣고, 뜨거운 물로 우려서 얼음을 넣은 용기에 부어 아이스티를 만든다.
4. 유리컵에 얼음을 넣고 라벤더아이스티를 따른다.
5. 유리컵에 자몽 조각을 장식한다.

| 재료 | 1인분

찻잎 가볍게 2티스푼
라벤더 1/5티스푼
자몽 작은 조각
자몽 껍질(사방 1센티) 1~2편
얼음 적당량

홍차 모히또

『노인과 바다』로 알려진 소설가 어니스트 헤밍웨이가 쿠바에서 즐겨 마신 음료 모히또. 모히또는 라임과 민트를 넣어 상쾌하고 깨끗한 맛이 일품인 여름을 대표하는 칵테일이다. 모히또에 홍차를 넣어서 색다른 맛과 신선미를 즐겨보자.

1. 컵에 모히또 시럽과 바카디를 넣고 가볍게 젓는다.
2. 라임과 애플민트를 넣고 탄산수를 붓는다.
3. 얼음을 넣고 한 번 더 섞는다.
4. 얼음 위로 아이스티를 살며시 붓는다.
5. 레몬과 애플민트 잎을 올려 완성한다.

| 재료 | 1인분

홍차(닐기리, 캔디) 2티스푼
탄산수(토닉워터) 150cc
모히또 시럽 30cc
라임 3조각
바카디 약간
애플민트 15장
레몬/얼음 적당량

CHAPTER
6

사랑스러운 홍차 도구

맛있는 홍차를 마시기 위한 기본 다기와 액세서리.
티타임을 즐기는 데는 좋은 찻잎을 구히는 것 뿐만아니라
예쁘고 정감이 가는 차도구와 티 액세서리를 갖추는 것도 중요하다.
사용하기 편리하고 홍차의 맛을 최대한 살려주는
나만의 차도구를 찾아보자.

티타임의 주연, 티포트 & 찻잔

유럽 귀족을 귀족답게 만든 것은 화려하고 우아한 중국 도자기였다. 17세기 초 유럽으로 차가 전해지면서 차를 마실 수 있는 도구들도 함께 따라오게 되었다. 유럽의 귀족들은 귀하고 우아한 도자기 찻잔에 차를 마시면서 귀족다움이란 이런 것이라는 걸 뽐낼수 있었다.

티포트

귀한 중국 다기는 누구나 가질 수 있는 것이 아니었다. 그래서 처음에는 사각형으로 만들어진 투박한 은제 포트를 사용했다. 이 은제 포트는 차뿐만 아니라 커피나 초콜릿을 끓이는 데도 사용했다. 은세공사들은 중국 다기를 모방하여 우아한 은제 티포트 세트를 만들게 되었다. 그리고 끊임없는 노력으로 유럽 도자기가 탄생하고 소의 뼈 성분이 함유된 본차나 티세트가 만들어진다.

부드러운 백색에 얇고 단단하며 보온성이 뛰어난 도자기는 홍차를 마시기에 가장 적합하다. 모양은 점핑이 잘 일어날 수 있는 둥근 형태가 좋으며, 손잡이가 튼튼하여 안정감과 균형감을 주는 것이 좋다.

크기는 보통 2인용의 용량이 700~750cc로 약 다섯 잔을 만들어 낸다. 3인용이 1000~1200cc, 찻잔으로 7~8잔을 우릴 수 있는 크기가 일반적이다.

맛있는 홍차에 빠뜨릴 수 없는 티포트는 기능 면에서도 중요하지만, 티타임 테이블을 화려하게 장식하는 효과도 고려해야 한다. 형태나 재질, 색, 문양을 고려하여 분위기에 맞는 것을 고른다.

TEAPOT

◇ 스톱퍼 Stopper

티포트의 뚜껑에는 볼록하게 돌출되어 있는 부분인 스톱퍼가 있다.
뚜껑을 고정시켜 한손으로도 안전하게 차를 따를 수 있게 하는 역할을 한다.

◇ 티포트의 구멍

공기가 통하게 하여 찻물이 원활하게 나오도록 하는
역할을 한다. 티포트 중 간혹 구멍이 없는 티포트도 있
는데 티포트의 뚜껑을 닫는 부분에 약간의 틈이 있어
그곳으로 공기가 통하게 만들어진 것이다.

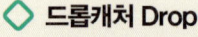
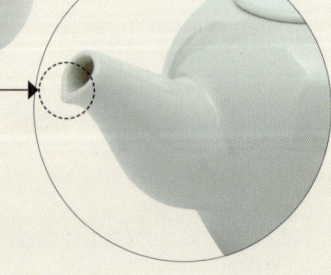

◇ 드롭캐처 Drop Catcher

찻물을 따를 때 마지막 방울까지 깔끔하게 떨어져야 한
다. 찻물이 티포트로 흘러내리지 않도록 세심하게 만들
어져 있는지 이 부분을 확인한다.

뜨거운 물을 담거나 우린 홍차를 걸러서 담아두는 보조 티포트. 찻잔에 홍차를 따르고 남은 홍차를 담아서 티코지를 씌워 찻잔의 홍차와 함께 내거나, 뜨거운 물만 따로 담아 홍차의 농도를 조절할 수 있게 하는 티포트.

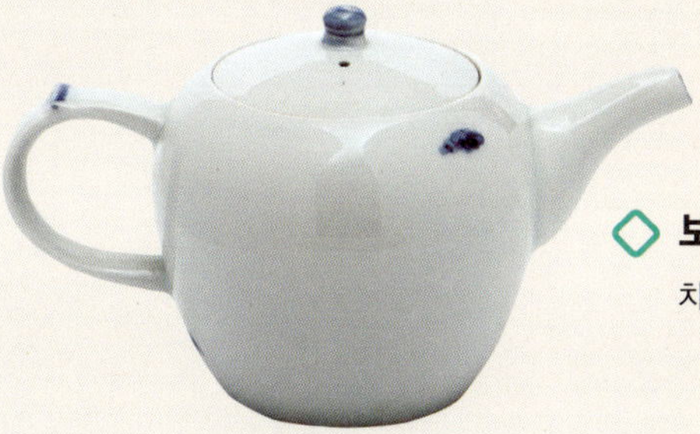

◇ **보조 티포트**
차를 우리는 티포트보다 작은 크기를 사용한다.

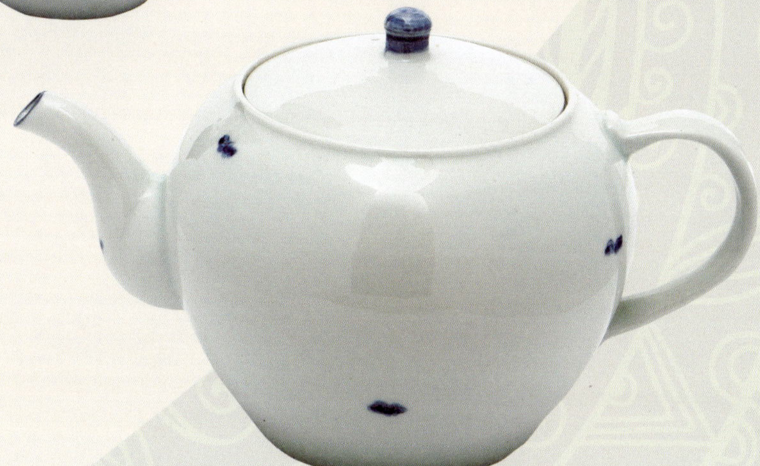

찻잔

유럽도 처음에는 중국에서 들어온 손잡이가 없는 작은 찻잔을 사용했다. 이것을 모방해서 유럽 도공들도 중국 것과 같은 모양과 크기의 찻잔을 만들었지만, 나중에는 뜨거운 홍차를 담기에 적합한 손잡이가 달린 찻잔을 만들었다.

홍차잔은 커피잔보다 얇고 넓게 만들어서 입에 가져다 대기 좋고 홍차의 섬세한 향이 더욱 풍부하게 퍼지도록 만들어진다. 또 얇고 광채가 나는 본차이나 홍차잔은 탕색을 돋보이게 한다.

커피잔에 비해 찻잔받침도 크게 만들어진다.

찻잔은 장식성이 뛰어나서 수집 대상이 될 정도로 많은 종류가 있지만, 홍차의 탕색을 아름답게 보이게 하는 데는 심플한 디자인과 안쪽이 백색인 것이 좋다.

TEACUP

개성 있는 티테이블을 위한
티액세서리

 슈거포트

유럽에 설탕이 처음 들어왔을 때는 귀족들이나 사용하는 고가품이었으므로 슈거포트도 크고 화려했다. 설탕이 일반화되면서 슈거포트도 점점 작아졌다.

크기가 작아졌지만 귀엽고 예쁘면서도 고급스러운 슈거포트는 티테이블을 돋보이게 하므로 장식성이 높으면서 소장하고 있는 티세트와 잘 어울리는 것으로 선택한다. 순도가 높고 불순물이 적어 홍차의 탕색을 손상시키지 않아서 가장 많이 사용하는 백설탕을 담았을 때 잘 어울리는가 하는 것도 염두에 둔다.

SUGAR POT

 밀크피처

밀크티에 사용하는 우유를 담는 용기. 영국식 밀크티는 한 잔당 20~30cc를 사용하지

만 여럿이 마실 때를 생각해서 150~200cc가 들어가는 넉넉한 크기로 한다.

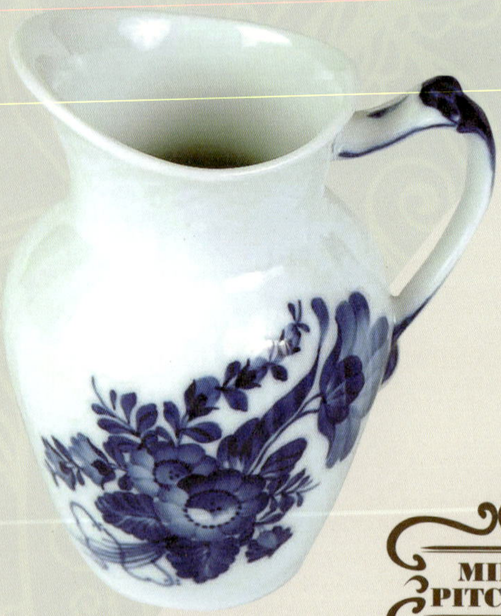

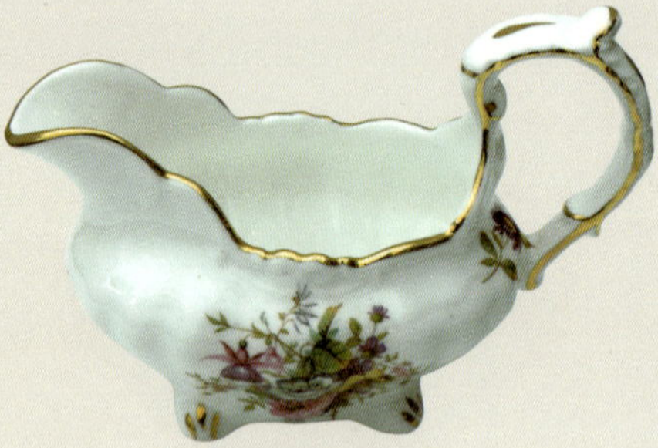

MILK PITCHER

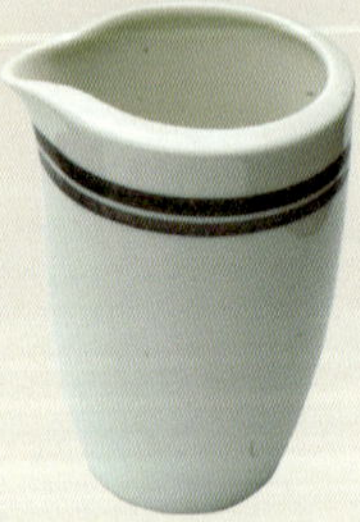

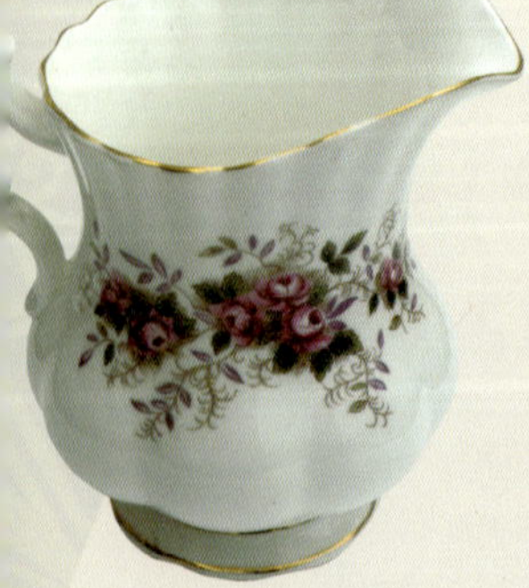

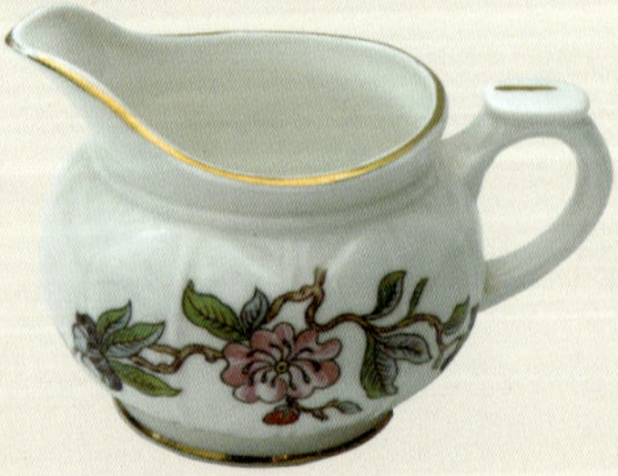

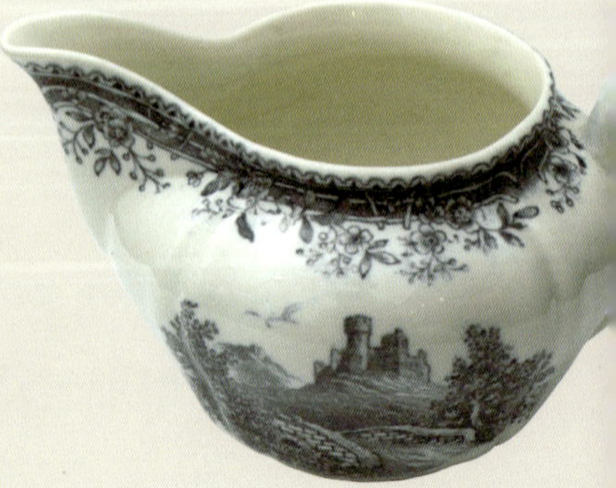

tea INSTRUMENT

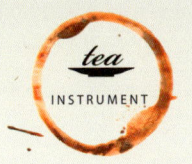

스트레이너

홍차의 우린 잎이나 부스러기가 찻잔에 들어가지 않게 걸러내는 거름망. 17세기 중반, 중국차를 우리면 포트 위에 줄기나 먼지가 떠다녔다. 당시는 구멍이 뚫린 스푼으로 걷어냈는데, 점차 지금의 스트레이너로 진화했다.

특히 19세기 이후 인도, 스리랑카 홍차가 들어오면서 BOP타입 등 분쇄된 찻잎을 사용하게 되자 스트레이너는 필수품이 되었다. 은제나 스테인리스 또는 은도금한 것이 많다.

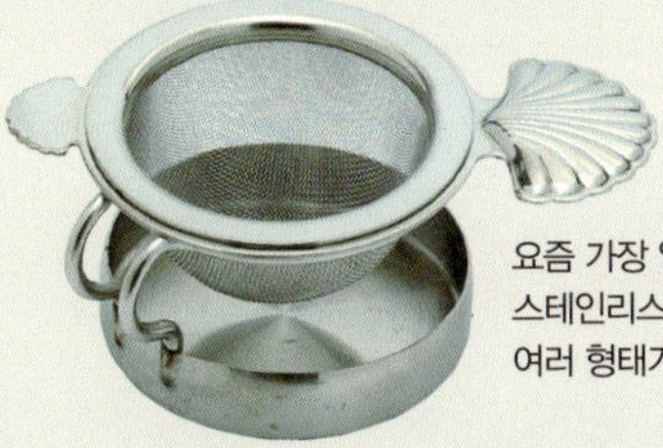

요즘 가장 일반적으로 사용되는 스테인리스 스트레이너. 여러 형태가 있다.

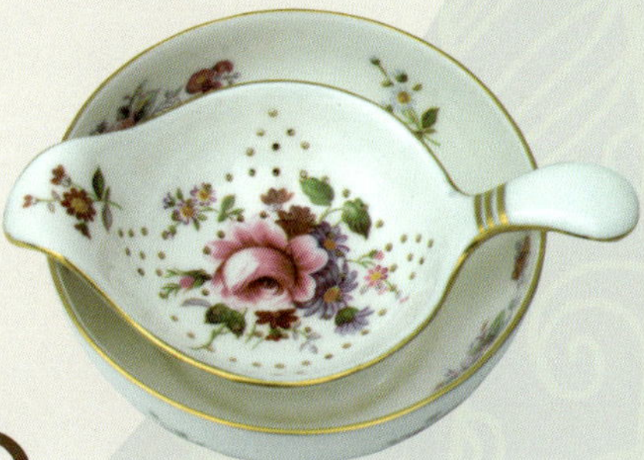

STRAINER

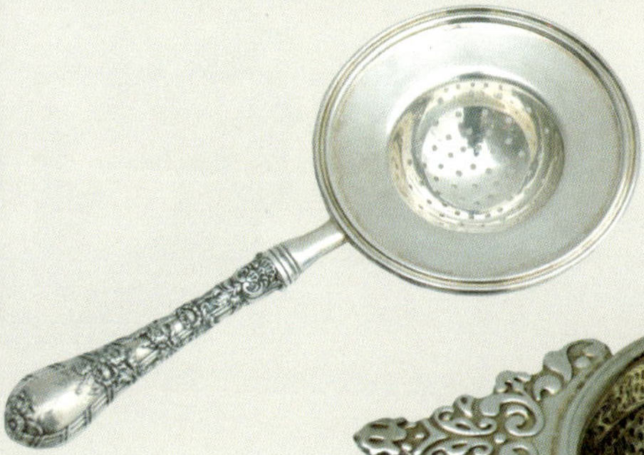

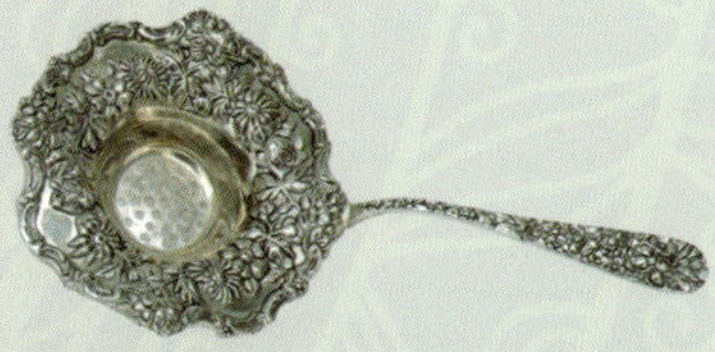

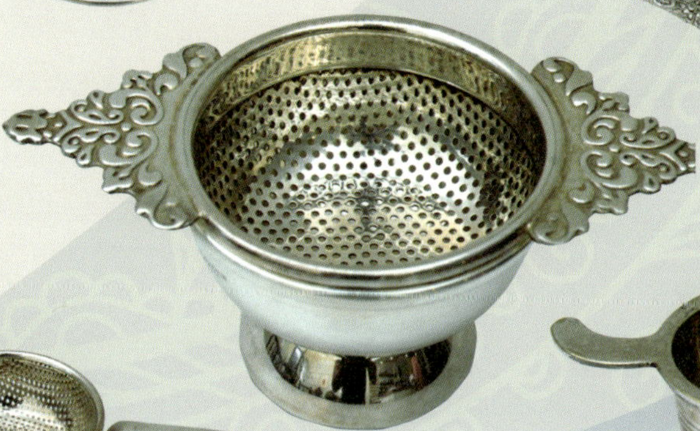

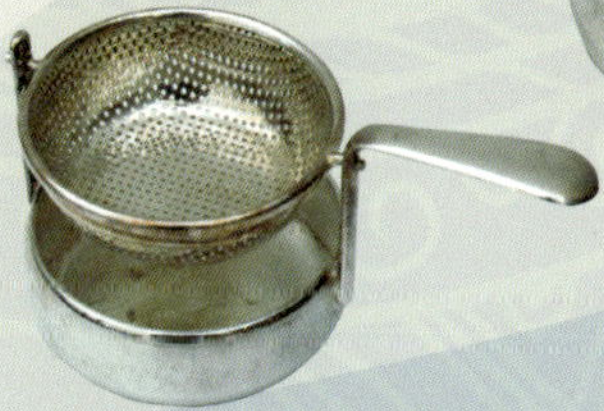

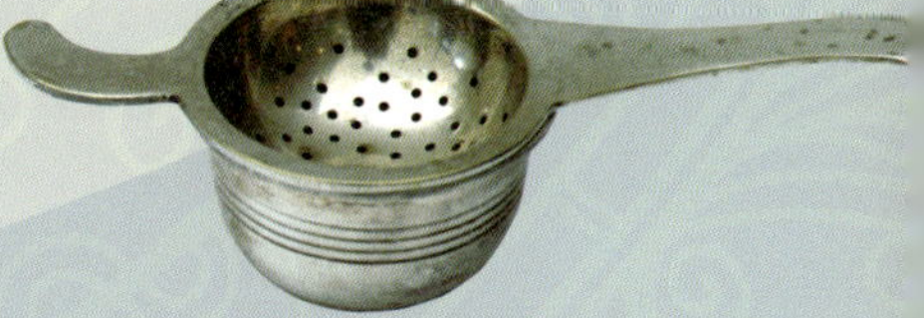

 모래시계

홍차를 우리는 시간을 재는 데 사용. 전자식 타이머가 대신할 수 없는 매력이 있다.

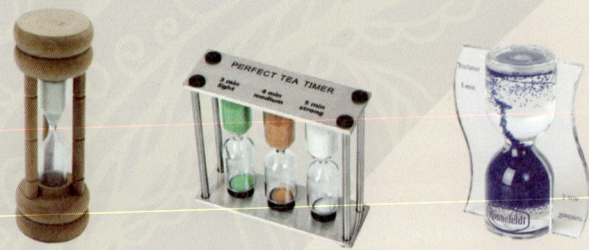

맛있는 홍차는 우리는 시간도 중요하다. 모래시계를 사용하여 정확히 시간을 재는 습관을 갖자.

 티스푼

티스푼은 보통 설탕을 넣을 때 사용하는 커피스푼 보다 더 크게 만들어진다. 티스푼으로 찻잎을 가득 푸면 약 3그램이 되므로 찻잎을 계량할 때 편리하다.

티스푼에는 기능보다 디자인에 중점을 둔 것이 많다. 손님의 취향이나 계절 감각을 살린 다양한 종류를 준비 해 두면 테이블 세팅이 더욱 즐거워진다.

 인퓨저

티백의 원조라고 할 수 있는 인퓨저. 사방에 구멍이 뚫려 있는 소형용기 속에 찻잎을 넣고 열탕을 부은 티포트나 찻 잔 속에 넣어서 차 성분이 우러나게 하는 데 사용하는 도구지 만, 찻잎이 충분히 펼쳐지지 못하여 맛있는 홍차를 우리기에는 적합하 지 않으므로 실용품이라기보다 액세서리에 가깝다.

 티코지

홍차가 우러나는 동안 온도를 유지하기 위해 티포트를 감싸주는 것이 바로 티코지.
홍차는 티포트를 테이블로 가져가 손님 앞에서 찻잔에 따르는 것이 일반적이다. 1인
분의 양은 찻잔으로 두 잔 반 정도이므로 나머지는 보조 티포트
에 담아 두고, 대화를 즐기며 천천히 마신다. 그러므로 홍차
가 식지 않도록 보온을 잘해야 한다. 이때 사용하는 것이 티
코지다. 또 포트 밑에 천으로 만든 매트를 깔아 홍차의 보온
을 돕는다.

티포트에서 우러나는 홍차의 보온을 위해, 그리고 맛있
게 우린 홍차를 식지 않게 하는 티코지. 색상이나 문양이
다양하며 티타임의 분위기에 맞춰 사용한다.

 티캐니스터

찻잎을 보존하는 용기. 17~18세기 영국에서 홍차는 고가품이었다. 따라서 홍차는
귀족이나 부유층에게 있어서 권력과
부의 상징이었다. 그 무렵 홍차는 티
캐디박스라고 하는 보석함처럼 자물
쇠가 달린 상자에 보관했다. 지금은
습기나 고온, 직사광선 등을 막고 밀
폐도가 높은 용기라면 무엇이든 사용
가능하다. 도기, 캔, 플라스틱 등 자
유롭게 선택할 수 있지만 냄새가 나
지 않고 빛이 투과하지 않는 것이어
야 한다.

티캐니스터는 재질이나 모양도 여러 가지만 밀폐도가 높은
것을 선택하는 것이 중요하다.

2

Tea & Culture

홍차와 문화

다원 홍차를
찾아서

홍차의 성격은 산지가 결정한다. 고품격 찻잎을
생산해 낼 수 있는 녹특한 기후조건과 제다기술이
세계적인 홍차를 만들어 낸다. 주요 홍차산지인
인도, 스리랑카, 중국, 대만, 인도네시아, 케냐 다원의
현황과 역사를 살펴보고 홍차의 향미를 탐색하는
즐거운 다원 여행을 떠나보자.

주요 홍차 생산지

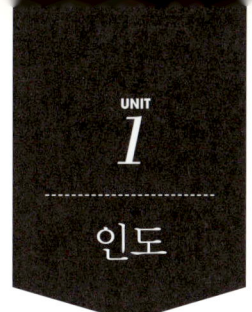

India

다즐링 Darjeeling

'빈티지Vintage 홍차'의 천국 다즐링
다즐링 고산지대에서 중국종 차나무로 만든 '홍차의 샴페인' 다즐링티

세계 1위 홍차 생산국(연간 약 85만 톤)이면서 동시에 소비국인 인도. 홍차 중의 홍차 다즐링티를 생산하는 다즐링 지역은 서벵골주 북단 표고 2,300미터에 위치한다. 인도에서 중국종 차나무가 성공적으로 재배된 유일한 곳이다. 영국인들은 중국 홍차에 대한 열망 때문에 중국종 차나무를 인도에 도입했다. 다른 지역에서는 모두 실패했지만, 다즐링에 심은 중국종 차나무는 살아남았다. 다즐링 지역의 80여 개 다원에는 중국종과 아삼종의 교배종인 클로날종이 많이 재배되고 있는데, 섬세하면서도 은은한 맛을 낸다. 다즐링 지역은 일교차가 크고 하루에도 몇 번이나 안개가 낀다. 안개의 습기와 뜨거운 일광이 반복되는 기후가 다즐링 특유의 고급스러운 향을 만든다. 홍차 제조법은 거의 전통방식을 유지하며 유념, 산화과정에는 롤링머신을 사용하여 향미를 살린다. 남인도에 비해 한랭한 기후로 차 따기는

실버팁

일년에 3~4회 정도 하는데 시즌에 따라 차의 특성이 명확하여 퍼스트플러시, 세컨드 플러시, 오톰널 등으로 시즌을 분명하게 표기한다.

최근에는 실버팁의 함유량을 최대한 높인 특급 실버팁 홍차나 중국종 차나무의 특성을 살려서 산화발효도를 낮춘 화이트티를 생산한다.

퍼스트플러시는 녹차를 연상시키는 신선한 느낌과 고운 머스캣 포도향으로 유명하며 생산량이 적어 높은 가격으로 유통된다. 세컨드플러시는 무스카텔Muscatel이라는 이름을 주로 사용하는데, 특유의 감칠맛과 아름다운 탕색, 잘 익은 과일을 연상시키는 고급스러운 향을 가지면서도 퍼스트플러시보다 부담 없는 가격으로 구입할 수 있으므로 인기가 높다. 깊은 맛을 내는 오톰널 마니아들도 많다.
한 다원에서 그해에 수확한 단일 품종의 차를 시기에 맞춰 시중에 판매하는 것을 '빈티지 홍차' 또는 '싱글 에스테이트Single Estate'라고 하는데, 다즐링이 빈티지 홍차를 가장 많이 생산하고 있다.

◇ **향미 분석 :** 이 책의 향미 분석은 홍차의 특징을 명확히 하는 특성인 향, 떫은맛, 쓴맛, 탕색과 수렴성收斂性을 저자의 자의적 기준으로 테스트한 것이며, 기호보다는 강도를 기준으로 0부터 5로 표기하였다.

다즐링 퍼스트플러시
Thurbo T.E 1st Flush Moonlight

찻잎과 탕색 향미 분석
향/5 쓴맛/2 떫은맛/2 탕색/1 수렴성/0

맛	상쾌한 떫은맛
추출기준	350cc 4g 5분
추천 추출법	스트레이트

3~4월 초봄에 따는 첫물차. 머스캣(포도)이나 사과를 연상시키는 섬세하고 신선한 향 때문에 홍차의 샴페인이라 불린다. 탕색은 아주 연한 오렌지로 투명도가 높다. 찻잎은 실버팁을 많이 함유하며 산화발효도가 낮아서 녹차 느낌의 푸른 신선미를 가진다.

다즐링 세컨드플러시
Thurbo T.E Muscatel FTGFOP1

찻잎과 탕색 향미 분석

향/5 쓴맛/2 떫은맛/2 탕색/2 수렴성/0

맛	입안에 퍼지는 강한 자극. 숙성된 과일 향
추출기준	350cc 4g 4분
추천 추출법	스트레이트

5~6월 무렵에 따는 두물차. 숙성된 과일 향이 홍차 맛을 더욱 강렬하게 느끼게 하는 홍차다운 홍차. 아름답고 투명한 오렌지계의 붉은 탕색에 선명한 골든링을 볼 수 있다. 머스캣계의 과일 향과 입안에 감도는 감칠맛이 매력적인 다즐링 티.

다즐링 오톰널
Gopaldhara T.E FTGFOP1 Red Thunder Classic

찻잎과 탕색 향미 분석

향/4 쓴맛/1 떫은맛/3 탕색/3 수렴성/1

맛	깊이가 느껴지는 분명한 떫은맛
추출기준	350cc 4g 4분
추천 추출법	스트레이트, 밀크티

9~10월에 수확한 가을차. 단맛이 높아지고 자극과 깊이가 느껴지는 떫은맛을 가진다. 오랫동안 홍차를 마신 애호가들이 선호한다. 탕색은 진한 붉은색으로 깊이 있는 아름다운 색을 낸다. 향은 깊은 머스캣과 사과향.

아삼 Assam

인도 홍차 생산량의 절반을 생산하는 비옥한 대지에 펼쳐진 다원
달콤한 향, 분명한 바디감, 짙은 오렌지색 탕색이 아름다운 아삼티

세계 최대의 홍차 생산지 아삼. 강렬한 일광을 완화해주는 새도우트리shadow tree가 멋진 다원의 풍치를 자아낸다. 같은 인도 북동부에 위치하지만 다즐링은 고원지대에 계단식 다원을 이루고, 아삼은 드넓은 평원에 다원이 펼쳐지며 품종도 다르다. 습기를 머금은 계절풍이 히말라야 산맥을 만나 대량의 비를 내리고, 수원이 풍부한 강의 수증기가 찻잎을 적신다. 이 습기가 아삼티의 독특한 떫은맛을 만든다. 찻잎 크기가 15센티미터에 이르는 큼직한 대엽종이므로 한 사람이 손으로 채취해도 하루 30킬로그램이나 수확한다. 인도 홍차 생산량의 절반이 이곳에서 난다. 3월부터 12월까지 수확하는데, 고품질 찻잎이 수확되는 세컨드플러시 시즌은 4월 중순부터 약 80일간.

농후하고 깊은 맛, 짙은 향과 탕색이 나는 아삼티를 수질이 경수인 영국에서 우리면 떫은맛이 줄어들고 탕색은 더욱 진해지기 때문에 우유를 넣으면 고운 크림브라운이 만들어진다. 인도인이 즐기는 차이를 만들기에 적합하므로 인도 자국 소비량이 많다. 따라서 생산량의 90%를 차이에 적합한 CTC공법으로 만든다.

홍차 역사를 크게 변화시킨 사건은 1823년 아삼종의 발견이다. 영국은 식민지 인도에서 아삼종 차나무가 발견되자 더 이상 중국 수입홍차에 의존하지 않고 스스로 차나무를 재배하여 아삼차를 생산하는데 성공한다.

아삼 퍼스트플러시
Assam FTGFOP1

찻잎과 탕색 향미 분석
향/3 쓴맛/3 떫은맛/3 탕색/4 수렴성/3

맛	단맛과 떫은맛 겸비
추출기준	350cc 4g 4분
추천 추출법	스트레이트

아삼 퍼스트플러시 찻잎의 외형은 다즐링 퍼스트플러시의 녹차 같은 느낌이 전혀 없다. 골든팁이 가득 함유된 고품격 아삼티는 퍼스트플러시라도 이미 아삼차 특유의 강렬함을 가지고 있다. 은은한 맥아향에 단맛과 떫은맛을 겸비했으며 골든링이 선명한 투명도가 높은 오렌지계 붉은 탕색을 낸다.

아삼 세컨드플러시
Doomni T.E FTGFOP1

찻잎과 탕색 향미 분석
향/4 쓴맛/3 떫은맛/2 탕색/ 3 수렴성/5

맛	부드러운 떫은맛
추출기준	350cc 4g 4분
추천 추출법	스트레이트

부드러운 단맛과 분명한 바디감이 느껴지며 수렴성이 매우 강하다. 깊은 발효를 느끼게 해주는 고소한 맥아향이 매력적이다. 밝은 오렌지계의 짙은 붉은색을 내며 골든링이 선명하게 나타나는 아름다운 탕색을 가진다.

아삼 CTC
Dhoedam T.E BP

찻잎과 탕색 향미 분석
향/1 쓴맛/3 떫은맛/3 탕색/5 수렴성/4

맛	은은한 단맛을 머금은 떫은맛
추출기준	350cc 4g 4분
추천 추출법	밀크티

아삼지방에서는 일찍부터 CTC 공법이 도입되었다. 티백의 보급으로 CTC 수요가 증가하였기 때문이다. CTC 가공 차는 성분이 빨리 추출된다. 향이나 개성은 약하지만 3분 정도만 우려도 강한 떫은맛과 짙은 붉은색 홍차가 된다. 밀크티에 적합.

닐기리 Nilgiri

남인도 고원지대에 아름다운 풍치를 자아내는 대규모 다원
산뜻한 아이스티에 적합한 닐기리, 케랄라 홍차

인도 남단부에 위치한 닐기리는 다즐링, 아삼과 더불어 인도 3대 홍차 산지이다. 닐기리 고원의 구릉지대에 다원이 펼쳐져 있다. 한낮에도 안개가 자주 끼고 기온이 낮다. 지리적으로 스리랑카에 가까워 기후도 비슷하므로 스리랑카 홍차와 비슷한 찻잎이 난다. 다즐링이나 아삼과 달리 두드러진 특성은 없지만 그것이 닐기리 홍차의 개성이라고도 할 수 있다.

계절풍의 영향을 받아 잠시 건조한 시기인 7~8월이 퀄리티시즌이다. 이때의 닐기리는 싱그러운 향에 달콤한 과일 향이 첨가된다. 뚜렷한 특징이 없는 닐기리 홍차는 용도가 많아서 블렌딩용이나 가향차의 베이스로 사용되며 산뜻한 맛을 살려 아이스티로 만들면 좋다. 최근에는 공장 설비가 정비되어 주로 CTC제다법으로 만들지만 향미가 뛰어난 차엽이 생산되면 OP타입으로도 만든다.

또 인프라가 잘 갖추어진 닐기리 남쪽 케랄라주의 해발 1,500미터 고원지대인 무나르Munnar지역의 광대한 다원에서 대규모 생산이 이루어지고 있다. 무나르의 차밭은 인도 최대 부호인 타타재단Tata foundation과 개인 차밭이 끝없이 이어지며 굽이치는 초록색 물결이 장관이다. 아름다운 풍치와 시원한 고원의 기후조건으로 관광지로도 인기를 끌고 있다.

1823년 아삼에서 차나무가 발견된 이래 영국인들은 인도 각지에서 차나무 재배를 시도했다. 영국인들은 중국차와 똑같은 차를 염원하여 닐기리 고원에 2만 개의 중국종 묘목을 심었다. 그러나 살아남은 것은 불과 수십 개. 결국 아삼종을 이식하여 1853년 최초로 다원을 열었다. 재배기술이 쌓이자 이곳에서 중국종도 성공하였으며, 교배종이 늘면서 대규모 다원이 개척된다. 주로 CTC차를 생산하지만 수출용으로 OP타입도 만든다.

닐기리 FOP
Premiers The Passion of Purity Grarde Fresh

찻잎과 탕색 향미 분석

향/1 쓴맛/1 떫은맛/1 탕색/2 수렴성/1

맛	산뜻하고 가벼운 맛
추출기준	350cc 4g 4분
추천 추출법	스트레이트, 아이스티

향과 맛에 독특한 특성이 없지만 뒷맛이 깔끔한 전형적인 홍차 풍미. 탕색은 투명감이 높은 연한 붉은색. 부드럽고 달콤한 과일 향. 아이스티나 레몬티에 적합.

닐기리 CTC

찻잎과 탕색 향미 분석

향/1 쓴맛/1 떫은맛/1 탕색/4 수렴성/1

맛	자극이 있고 단맛을 함유한 떫은맛
추출기준	350cc 4g 4분
추천 추출법	밀크티, 아이스티

색감도 향도 짙은 편이지만 떫은맛이 적당한 전형적인 홍차. 밀크티나 차이에 어울린다.

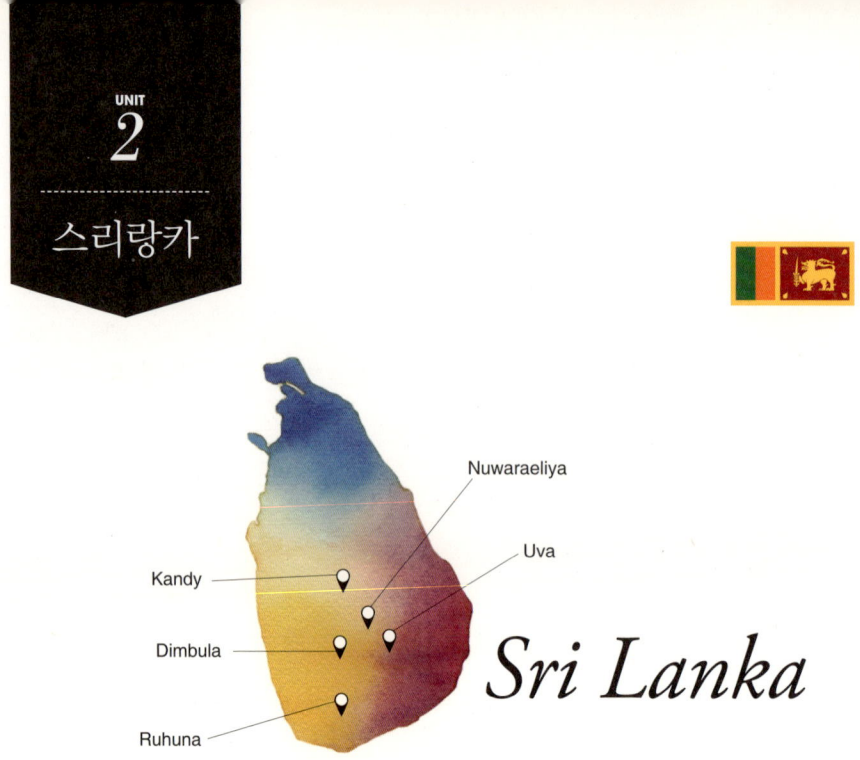

홍차의 대명사 실론티. 맛과 향 그리고 탕색의 균형이 잘 잡힌 홍차다운 홍차이다.

스리랑카의 옛 이름이 실론Ceylon이므로 오늘날까지 스리랑카차를 실론티라고 부른다. 생산량은 인도에 이어 세계 2위지만 수출량은 1위. 일찍부터 실론은 홍차의 대명사가 되었다.

실론티 산지는 표고에 따라 구분한다. 0~600미터 구간은 로우그로운Low grown, 600~1,200미터를 미디엄그로운Medium grown, 1,200~1,800미터를 하이그로운High grown이라 부른다. 고품질 홍차는 하이그로운에서 난다.

1,200미터 이상
하이그로운 High grown
우바, 누와라엘리아, 딤블라. 섬세한 맛과 상쾌한 떫은맛.
우아한 향과 투명한 탕색을 가진 고품질 홍차 생산.

600미터~1,200미터
미디엄그로운 Medium grown
캔디. 실론티 특유의 은은한 향. 떫은맛이
연해서 마시기 좋은 전형적인 홍차의 맛.

600미터 이하
로우그로운 Low grown 루후나. 향은 약하지만 진한 탕색이 특징. 블렌딩용으로 많이 사용된다.

딤블라 Dimbula

누구나 부담 없이 즐길 수 있는 부드러운 맛과 꽃향기가 산뜻한 딤블라티

딤블라는 스리랑카 중앙 산맥지대에 위치하여 연중 안정된 품질의 찻잎을 생산한다. 표고 1,200~1,600미터에 이르는 고지대 다원이지만 한낮 기온은 30도까지 올라간다. 딤블라 특유의 부드러운 맛을 블랙티로 즐겨도 좋지만, 특별한 개성이 없어서 블렌딩이나 향을 첨가하기 좋다.

등급은 전통적 제다법으로 만들어지는 BOP타입이 주류지만 최근에는 티백용 CTC 생산이 늘고 있다. 계절풍이 부는 1~2월이 퀄리티시즌으로 장미를 연상시키는 꽃향과 떫은맛이 강한 고품질 찻잎이 나며, 일반 시즌에도 안정된 품질의 찻잎이 생산된다.

스리랑카 다원 개발은 1857년 무렵부터 시작되었다. 커피녹병에 의해 황폐화된 커피농장에 차나무를 재배하고 홍차를 생산한 것. 딤블라 다원은 표고가 높은 곳에 있는 누와라엘리아, 우바보다 늦게 개척되었지만, 지금은 스리랑카 5대 홍차 산지가 되었다.

퀄리티시즌 딤블라
Kenil worth T.E

찻잎과 탕색 향미 분석
향/3 쓴맛/3 떫은맛/3 탕색/3 수렴성/2

맛	단맛이 느껴지는 상쾌하고 강한 떫은맛
추출기준	350cc 4g 4분
추천 추출법	스트레이트

계절풍의 영향을 받은 퀄리티시즌의 최고품 홍차는 달콤한 장미향에 상쾌한 떫은맛이 난다. 깔끔한 뒷맛. 투명도 높은 맑고 고운 붉은색을 낸다.

딤블라 **BOP**
Laxapana T.E

찻잎과 탕색 향미 분석
향/2 쓴맛/4 떫은맛/3 탕색/3 수렴성/2

맛	기분 좋은 떫은맛
추출기준	350cc 4g 4분
추천 추출법	스트레이트, 밀크티

퀄리티시즌 이외의 딤블라는 개성이 두드러지지 않지만 은은한 꽃향기, 산뜻한 목넘김이 마시기 좋은 표준 홍차의 맛. 우유를 넣으면 단맛이 도드라지므로 부드러운 밀크티로도 좋다.

우바 Uva

다즐링, 기문과 함께 세계 3대 홍차로
꼽히는 우바. 영국인 취향에 맞는 강한 떫은
맛과 진한 탕색으로 밀크티로 인기.

스리랑카 대부분의 차가 그렇듯 우바는
지금도 대부분 전통 제다법으로 만들어
지고 있다. 수확은 1년 내내 가능하다.
벵골만에 면한 표고 1,400~1,700미터
산악지대 사면에 다원이 펼쳐져 있다. 닐
기리와 비슷한 약 3만5천 헥타르의 규모
를 자랑한다. 퀄리티시즌에는 강우량이
적어지므로 찻잎의 수확은 줄어들지만
품질은 높아진다. 우바의 퀄리티시즌인
7~8월에는 상쾌하고 자극적인 떫은맛
을 가진 홍차가 난다. 이 환경이 우바 특
유의 과일 향과 자극적인 떫은맛 그리고
짙은 탕색을 만든다.

퀄리티시즌 우바
Lupicia BOP Quality 2613

찻잎과 탕색 향미 분석

향/3 쓴맛/5 떫은맛/4 탕색/4 수렴성/4

맛	홍차의 강렬한 떫고 쓴맛이 조화를 이룸
추출기준	350cc 4g 4분
추천 추출법	스트레이트, 밀크티

7~8월에 생산된 퀄리티시즌 우바티는 오렌지계의
붉은색으로 투명감이 높은 아름다운 탕색을 낸다. 한
모금 머금었을 때 코 안으로 올라오는 강렬한 향이 매
혹적이다. 달콤한 과일 향 속에 민트계의 상쾌한 향을
함유하여 마시고 난 후 입안에 단맛이 가득 고인다.

누와라엘리야 Nuwaraeliya

**우아한 감귤계의 향, 홍차다운 떫은맛
누와라엘리야티**

스리랑카 중남부에 위치한 누와라엘리
아는 한낮 기온이 20~25도, 아침저녁은
5~14도 정도로 서늘해 영국인의 휴양지
로 개척된 곳이다. 밤낮의 온도차가 크면
찻잎에 함유된 떫은맛 성분인 타닌이 증
가하여 강한 개성을 가진 찻잎이 난다.

스리랑카에서도 가장 높은 표고 1,800
미터에 이르는 하이그로운 홍차 산지이
다. CTC에 의한 대량생산은 하지 않고
다즐링과 마찬가지로 여전히 전통 제다
법을 고수하고 있다. 퀄리티시즌은 1~2
월이지만 연중 봄차와 같은 신선미를 가
진 상쾌한 차가 만들어진다. 상쾌하면서
도 강한 떫은맛을 가지며, 탕색은 오렌지
계의 옅은 붉은색. 달콤한 감귤을 연상시
키는 향 속에 신선한 풀향이 숨어 있다.

표고 1,800미터 고원에 영국식 건물이
늘어선 아름다운 휴양지 누와라엘리아는
홍차 다원으로 번영을 누린 영국인들의
거리이다. 지금도 골프장이나 영국풍 건
물들이 그대로 남아 있어서 작은 영국이
라고 불린다.

우바 OP

찻잎과 탕색 향미 분석
향/4 쓴맛/2 떫은맛/3 탕색/2 수렴성/2

맛	떫은맛과 쓴맛이 조화를 이룬 속에 두드러진 단맛
추출기준	350cc 4g 4분
추천 추출법	스트레이트

찻잎의 외형이 크고 떫은맛이 강하지 않아 부드러운 풍미가 느껴진다. 탕색은 오렌지색 계열의 옅은 붉은색. 달콤한 장미향이 감도는 홍차.

우바 BOP

찻잎과 탕색 향미 분석
향/3 쓴맛/2 떫은맛/4 탕색/4 수렴성/3

맛	강한 자극이 있는 떫은맛
추출기준	350cc 4g 4분
추천 추출법	밀크티

우바의 강한 떫은맛을 온전히 간직한 BOP타입. 찻잎의 외형에서도 높은 발효도를 느끼게 하는 진한 색상. 탕색은 오렌지계의 밝으면서도 진한 붉은 빛을 낸다. 달콤하면서 장미를 연상시키는 고급스러운 향을 가지며 강한 떫은맛과 바디감을 갖추고 있다.

퀄리티시즌 누와라엘리아
Lupicia 5025

찻잎과 탕색 향미 분석
향/3 쓴맛/2 떫은맛/2 탕색/1 수렴성/1

맛	기분 좋은 떫은맛
추출기준	350cc 4g 4분
추천 추출법	스트레이트

계절풍의 영향을 받은 맛과 향이 진한 홍차. 탕색은 다즐링 퍼스트플러시를 연상시키는 연한 오렌지계. 외관상으로도 산화발효도가 낮은 푸릇푸릇한 기운이 감돌며, 싱그러운 풀향에 꽃과 과일향도 섞여 있나. 밀크티로 하기에는 탕색이 부족하므로 블랙티로 우려서 싱쾌한 맛을 즐기기 좋다.

누와라엘리아 BOP
Pedro T.E

찻잎과 탕색 향미 분석
향/2 쓴맛/3 떫은맛/2 탕색/2 수렴성/1

맛	깔끔한 떫은맛
추출기준	350cc 4g 4분
추천 추출법	스트레이트

오렌지계 연한 붉은색의 탕색을 내며 귤이나 유자를 연상시키는 풍미.

캔디 Kandy

최초의 실론티 산지 캔디
짙고 밝은 붉은 탕색이 매력적

스리랑카 중앙에 위치한 캔디는 표고 600~1,200미터로 루후나 다음으로 낮은 지대이므로 계절풍의 영향이 적고 연간 기후 변화가 거의 없다. 안정된 품질과 생산량을 가진 산지지만 특성이 명확하지 않고 떫은맛을 내는 타닌 함유량이 적어서 주로 블렌딩이나 가향홍차의 베이스로 사용하며, 아이스티로 만들어도 쉽게 탁해지지 않는다. 기본적으로 캔디의 등급은 BOP가 대부분이지만 OP타

입도 생산한다. 캔디 홍차의 매력은 오렌지계의 깊고 맑고 밝은 탕색이다. 스리랑카 최초의 홍차 생산지인 캔디. '홍차의 신'으로 불리는 제임스 테일러가 이곳에 다원을 만들었다. 17세의 스코트랜드 출신 제임스 테일러는 커피농장을 찾아 실론으로 오게 된다. 하지만 커피농장은 커피녹병으로 쇠퇴한다. 모두가 떠난 이곳에서 그는 아삼에서 가져온 차나무를 심고, 최초의 실론티를 생산한다. 그는 평생을 홍차 만들기에 헌신하였고 '홍차의 신'이라 불리게 된다.

캔디 **OP**
Craighead T.E OP1

찻잎과 탕색 향미 분석
향/2 쓴맛/2 떫은맛/2 탕색/4 수렴성/2

맛	부드러운 떫은맛으로 부담 없는 맛
추출기준	350cc 4g 4분
추천 추출법	스트레이트, 밀크티, 아이스티

맛과 향의 특징은 약하지만, 진하고 빛나는 화려한 탕색을 자랑한다. 밀크티나 아이스티에도 어울린다.

루후나 Ruhuna

큼직한 찻잎, 진한 탕색을 내지만 부드러운 맛을 내는 루후나티

루후나티는 열대우림 지역으로 고온다습한 스리랑카 최남단 지역 표고 200~400미터의 스리랑카에서 가장 낮은 지대인 사바라굼와 지방에서 난다. 기온이 높아서 찻잎 크기가 고원지대보다 훨씬 크다. 찻잎이 크므로 유념과정에서 나온 다량의 생엽의 즙이 산화발효를 촉진해 검은 홍차가 만들어지며, 스모키한 향, 진한 탕색을 낸다. 탕색이 진하지만 맛은 부드럽다.

주로 BOP타입으로 만들며 고품질 OP타입도 생산한다. 찻잎이 작으면 타닌이 쉽게 추출되어 떫은맛이 강해지므로, 찻잎을 크게 하여 단맛과 깊은 맛 떫은맛의 균형을 잡아준다.

17세기 중반까지 실론섬은 세 나라로 나뉜 왕국이었다. 남부 루후나는 포르투갈과 네덜란드의 식민지 시절 커피농장이 생겼다. 커피농장이 쇠퇴한 후 그 자리에 다원이 들어섰다. 현재 루후나라는 지명은 사라졌지만 홍차 이름 때문에 루후나라는 이름은 계속되고 있다.

루후나 OP
Pothotuwa T.E

찻잎과 탕색 향미 분석
향/4 쓴맛/2 떫은맛/2 탕색/4 수렴성/2

맛	단맛이 감도는 준후함 맛
추출기준	350cc 4g 4분
추천 추출법	스트레이트, 밀크티

강한 산화발효로 검은 찻잎, 로우그로운에서 나지만 싹 부분을 많이 함유하여 꽃향과 고소하고 달콤한 맥아향도 갖추고 있다. 중후하면서 단맛이 가득하다.

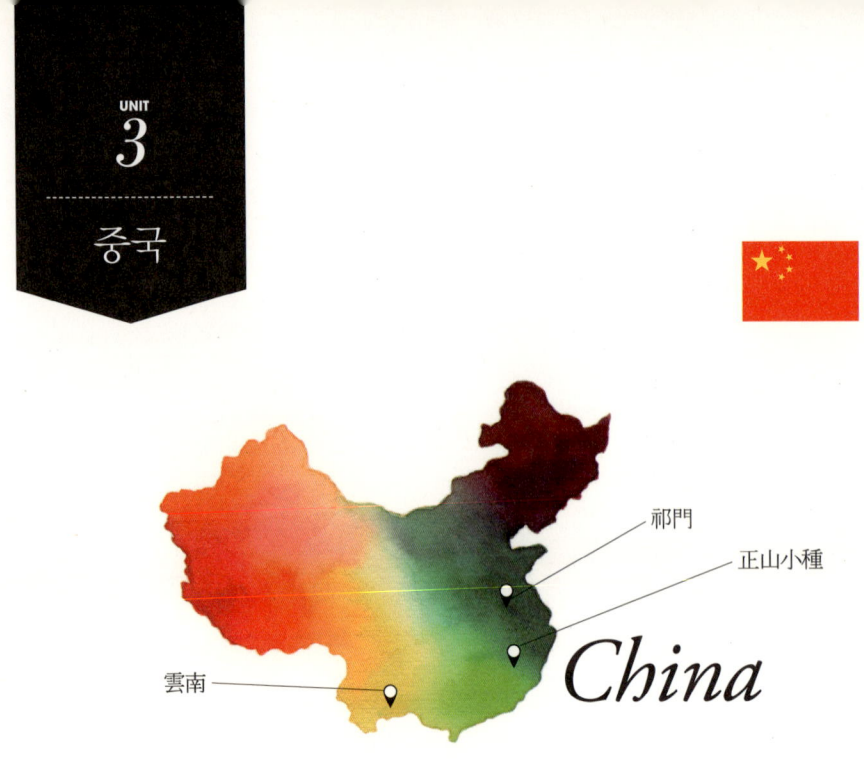

祁門

正山小種

雲南

China

홍차의 원조국 중국
유럽인을 매료시킨 동양의 신비로운 향

홍차는 차의 발상지인 중국에서도 여러 차 중에 가장 늦게 만들어졌다. 17세기 초, 유서 깊은 복건성福建省 무이산武夷山 동목촌桐木村에서 최초의 홍차인 정산소종正山小種이 탄생했다. 그리고 1876년 기문시祁門市에 홍차 공장이 설립되었는데, 중국에서 정식으로 홍차를 대량생산한 것은 차나무를 재배하고 나서 천 년 이상의 시간이 지나서였다. 중국 홍차는 영국을 비롯한 유럽에서 큰 인기를 얻었다. 현재도 홍차의 대부분은 수출용이다. 안휘성에서 생산되는 기문홍차는 세계 3대 홍차로 뽑히고 있으며 생산량은 호남성이 가장 많고, 광동, 운남, 강서, 안휘, 광서, 귀주, 해남도 순이다. 기문홍차로 대표되는 OP타입 홍차인 '공부홍차工夫紅茶'와 19세기 말 영국인에 의해 개발된 분쇄형 홍차인 '분급홍차分級紅茶'가 대부분이며 최근에는 CTC 홍차도 생산된다.

기문 祁門 Keemun

영국인이 선망하던 동양의 정통 아로마

짙고 깊은 특유의 꿀향 기문향祁門香

세계 3대 홍차로 손꼽히는 기문홍차는 중국 남동부 안휘성 황산산맥 주변에 펼쳐진 다원에서 생산한다.

안휘성은 온난하면서 연중 200일은 비가 내리며 산간지역은 일교차가 커서 차나무를 재배하기 적합한 기후풍토이면서도 인도나 스리랑카와는 다른 맛이 난다. 영국인을 매료시킨 벌꿀과 난초향을 연상시키는 세련된 향이 특징이다. 바디감이 분명한 상쾌한 떫은맛과 단맛을 겸비하고 있다.

독특한 향을 최대한 살리기 위해 대부분 OP타입으로 만든다. 수확은 연 4~5회 하며 전통적인 방법으로 제다하는데 '공부홍차工夫紅茶'라는 말에서 느낄 수 있듯이 세심한 제다과정을 거치며, 제다 후 6개월에서 1년 정도 숙성시킨다. 영국의 경수에 기문홍차를 우리면 진한 탕색이 만들어지므로 밀크티로 인기가 높지만, 우리나라에서는 스트레이트로 마시는 것이 좋다.

특급 기문

찻잎과 탕색 향미 분석

향/2 쓴맛/1 떫은맛/2 탕색/3 수렴성/2

맛	부드러운 넓은맛 은은한 딘맛
추출기준	350cc 5g 4분
추천 추출법	스트레이트

벌꿀을 연상시키는 난초향과 스모키한 여운을 머금은 단맛이 매력적이다. 이른 봄에 찻잎을 따므로 골든팁이 많이 들어 있다. 탕색은 진한 붉은색을 낸다.

고급 기문

찻잎과 탕색 향미 분석

향/4 쓴맛/1 떫은맛/1 탕색/3 수렴성/1

맛	은은한 스모키향이 감도는 단맛
추출기준	350cc 5g 4분
추천 추출법	스트레이트, 밀크티

영국인이 '동양의 신비로운 향으로 느낀 숙성된 달콤한 발효향과 은은한 훈연향을 가진다. 탕색은 진한 붉은색.

정산소종 正山小種 Lapsang Soucong

세계 홍차의 기원이 된 무이산 홍차
제다공정의 혁신으로 태어난 최고급 홍차 금준미

유서 깊은 복건성 무이산 동목촌에서 최초의 홍차인 정산소종이 탄생했다. 정산소종이 만들어진 무이산 동목촌에서는 17세기 초부터 중국요리점에서 후식으로 많이 나오는 작은 과일인 용안龍眼향을 가진 홍차를 만들었다. 표고 1,000미터가 넘는 지역인 동목촌은 기온이 낮은 곳이어서 소나무를 태워 그 열기를 찻잎에 씌어 발효시켰다. 이렇게 찻잎 자체가 가진 용안향에 소나무 연기의 향이 첨가되었다. 중국 홍차의 주요 소비층이었던 영국인들이 이 강렬한 향을 선호하게 되자, 소나무 연기에 훈연하는 과정이 강조된 '랍상소총'이라고 불리는 훈연향이 가득한 홍차가 만들어진다.

그러나 현재의 중국 정산소종은 완전히 새로운 단계로 접어들었다. 기존의 약냄새를 연상시키는 훈연향이 나는 랍상소총의 특성을 버리고 달콤하고 기품 있는 향을 추구하게 된다. 최고급 홍차를 만들어내려는 노력의 성과로 금아金芽가 반짝이는 고품질 홍차 '금준미金駿眉가 탄생한다. 금준미는 100년 전 정산소종이 누린 홍차시장의 영광을 재현한다. 2007년 시장에 등장하자마자 열광적인 환영을 받으며 엄청난 고가로 판매되었다. 정산소종이면서 정산소종과 달라 보이는 금준미. 찻잎의 외형에 금아金芽 금호金毫가 가득하여 마치 눈썹과 같고, 제다기술이 매우 빼어나다는 의미에서 준미駿眉라는 이름을 붙였다. 차엽의 품질과 채엽표준의 차이를 고려하여 금, 은, 동이라는 등급을 부여하였으므로 시중에서 금준미, 은준미, 동준미라는 상표를 흔히 보게 되었다.

금준미의 원료는 이른 봄에 채취한 야생 춘차春茶를 사용한다. 외형은 견실하고 가늘다. 제다과정에서 찻잎 시들리기와 산화발효 시간을 기존의 정산소종보다 대폭 줄여서 독특한 꿀향을 유지하며 정산소종의 소나무 훈연과정을 거치지 않는다.

금준미의 인기에 따라 소비자의 요구 수준이 높아지자 최근 운남, 귀주, 호남, 안휘 등 홍차 생산지에서도 이에 맞는 고급 홍차들을 생산하기 시작했으며 금아를 많이 함유한 홍차를 생산하여 금준미라고 칭한다. 이들 홍차도 원조 금준미는 아니지만 그에 못지않은 풍미를 가진 홍차가 많다.

금준미 金駿眉

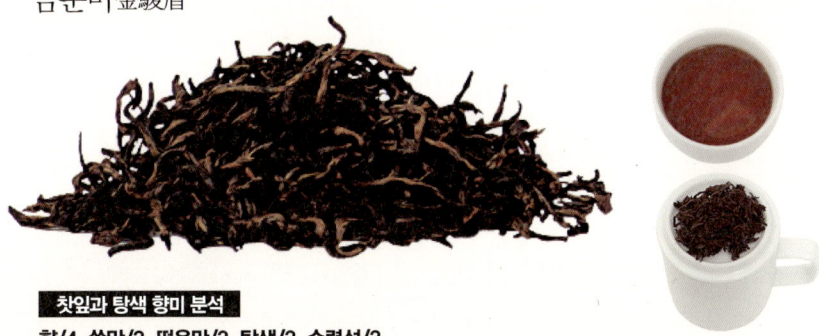

찻잎과 탕색 향미 분석

향/4 쓴맛/3 떫은맛/3 탕색/3 수렴성/3

맛	오감을 만족시키는 풍부한 맛이 조화를 이룬 부드러우면서도 달콤한 맛
추출기준	350cc 5g 4분
추천 추출법	스트레이트

광택이 나는 검은 찻잎 속에 빛나는 금아가 가득 들어있다. 떫은맛과 쓴맛, 바디감이 분명하면서도 마시기 좋은 매끄러움을 갖추고 있다. 세련된 난향과 달콤한 꿀향 속에 미세한 소나무향이 숨겨져 있다. 탕색은 붉은빛이 감도는 오렌지 계열.

정산소종 正山小種

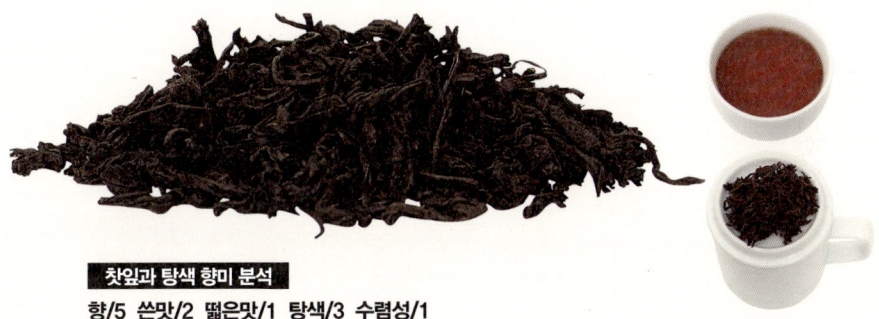

찻잎과 탕색 향미 분석

향/5 쓴맛/2 떫은맛/1 탕색/3 수렴성/1

맛	진한 스모키향, 단맛이 감도는 뒷맛
추출기준	350cc 5g 4분
추천 추출법	스트레이트, 밀크티, 아이스티

젖은 낙엽 냄새를 연상시키는 강렬한 송연향松煙香이 코를 자극한다. 우유를 넣어 밀크티로 만들면 향이 부드러워지면서 독특한 정취를 자아낸다. 한여름엔 아이스티로 만들어 독특한 향을 즐겨도 좋다. 찻잎의 외형은 검고 윤기가 난다.

운남홍차 雲南紅茶 Yunnam

보이차의 고장에서 생산된 대엽종 홍차
부드럽고 달콤한 황금빛 운남홍차

중국 홍차 중에서는 비교적 늦은 1938년 전후에 탄생한 홍차로 운남지역 대엽종으로 만들었다. 중국에서는 운남지역의 옛 이름을 따서 전홍滇紅이라 부른다. 원래 운남지역에서는 주로 보이차를 만들었지만, 보이차 시장의 부침 현상에 따라 대엽종 홍차 생산이 늘어났다. 대엽종으로 만든 홍차답게 크기가 크고 황금색 금호金毫가 많이 들어가서 외형이 아름답다. 찻잎을 따는 시기에 따라 봄차는 담황淡黃, 여름차는 국황菊黃, 가을차는 금황金黃이라고 부른다.

운남은 중국 서남쪽의 서북은 높고 동남은 낮은 지역이다. 서북의 대륙형 기후와 남쪽 해안의 온화한 기온을 모두 가진 지역으로 주요 차 산지는 대부분 해발 1,000~2,000미터에 위치한다. 좋은 차가 생산되는 조건인 큰 일교차, 잦은 안개, 안정된 평균기온을 모두 갖추고 있다.

운남 중에서도 서쪽 차 산지에서 고급 홍차가 나온다. 두텁고 고운 황금색 홍차를 우리면 연한 오렌지색을 내는데, 고운 골든링을 띠는 탕색은 그 자체로도 매우 아름답다. 또한 달콤한 꿀과 고소한 군고구마를 연상시키는 향을 가진다. 떫은맛이 적어서 부드럽고 단맛이 도드라지는 운남홍차는 최근 우리나라에서도 인기를 얻어 쉽게 구할 수 있다.

운남홍차 침형針形

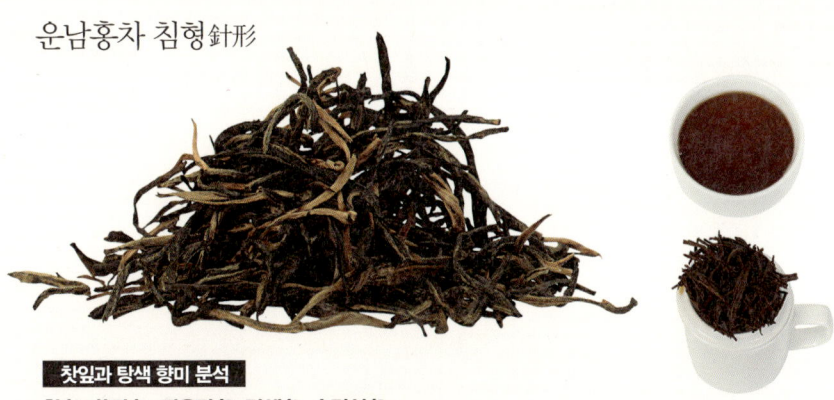

찻잎과 탕색 향미 분석

향/4 쓴맛/1 떫은맛/2 탕색/3 수렴성/2

맛	부드러운 떫은맛 속에 도드라지는 단맛
추출기준	350cc 5g 4분
추천 추출법	스트레이트

대엽종으로 만든 홍차답게 크기가 크고 긴 바늘형으로 견고하게 만들어졌다. 금아가 많이 들어 있으며, 벌꿀을 연상시키는 달콤하면서도 고소한 향을 내고 단맛이 두드러지지만 홍차다운 풍미는 충실하게 갖추고 있다.

운남홍차 금아金芽

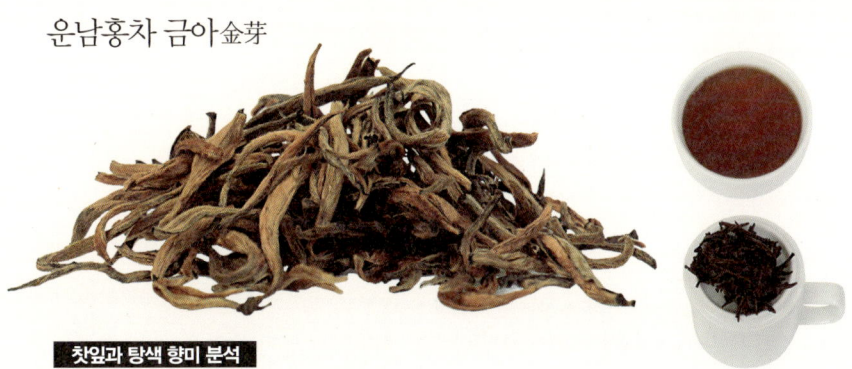

찻잎과 탕색 향미 분석

향/2 쓴맛/1 떫은맛/1 탕색/2 수렴성/1

맛	부드럽고 달콤한 맛
추출기준	350cc 5g 4분
추천 추출법	스트레이트

밝은 금황색 황아로만 만들어져 외형적인 특성이 명확하다. 다른 홍차에 비해 잎은 큰 편이다. 군고구마를 연상시키는 고소한 향을 내고 특유의 단맛 때문에 입안에 침이 고이지만 맛의 폭은 단조로운 편이다. 탕색은 연한 갈색 계열의 금황색.

UNIT

4

대만

日月潭

Taiwan

일월담홍차 日月潭紅茶

지진이 가져다준 새로운 탄생
깊고 우아한 향을 가진 대만 홍차의 대명사 '홍옥紅玉'

대륙에 정산소종 금준미가 있다면, 대만엔 홍옥이 있다.

 대만 홍차의 고향은 대만 중앙부에 위치한 유명 관광지 일월담日月潭 호수 근처 남투현南投縣 어지향魚池鄉이다. 이곳의 홍차를 통칭하여 '일월담홍차'라고 부르는데, 일월담홍차는 전통적으로 대만 10대 명차에 손꼽히던 명차로 1925년 일본 식민지 시절에 아삼종을 도입해 일월담 근처에서 다원을 개발하고 홍차 공장을 세워 수출용 홍차를 대량 생산할 정도였다. 그러나 대만의 고산오룡차가 워낙 유명하고 인기가 높아지면서 홍차는 점점 잊혀졌다. 그러던 중 1999년 대만 중부지역에 100년만의 큰 지진이라는 9.21대지진이 엄습했다. 대부분의 차밭은 이때 큰 피해를 입는다. 대재난을 맞은 남투현 어지향에 대만행정원 다업개량장 주도 아래 고급홍차 생산을 목표로 대차臺茶 18호号를 이식하고 정식 명칭을 '홍옥'으로 했다. 홍옥은 기존의 일월담홍차와는 다른 독특하고 우아한 향을 가진다. 천연 육계향 및 담담한 박하향으로 표현되는

매력적인 향기는 홍옥만의 특징이다. 어지향에서는 정부의 적극적인 지원 아래 일창
이기의 대차 18호 찻잎을 60년대 이전 방식으로 손으로 일일이 채엽하여 제다한다.
이 검은 빛이 돌고 크기가 큰 OP타입의 고품질 홍차 홍옥으로 대만 홍차는 새로운 부
흥기를 맞이하였다.

대차臺茶 18호号(홍옥紅玉)

찻잎과 탕색 향미 분석

향/3 쓴맛/2 떫은맛/3 탕색/4 수렴성/2

맛	깊이 있는 우아한 향 속에 떫은맛과 쓴맛이 균형을 이룬다.
추출기준	350cc 5g 4분
추천 추출법	스트레이트

찻잎의 외형이 비교적 크고 검은빛을 낸다. 탕색은
아삼의 느낌이 드는 붉은색 계열이며 진하고 맑다.
떫은맛과 쓴맛. 단맛의 균형이 잘 잡힌 풍요로운 맛
을 지닌다. 산뜻하면서도 기품 있는 매력적인 대만
향臺灣香.

대차臺茶 8호号

찻잎과 탕색 향미 분석

향/3 쓴맛/1 떫은맛/2 탕색/3 수렴성/1

맛	말린 과일 향과 단맛
추출기준	350cc 5g 4분
추천 추출법	스트레이트

찻잎의 외형이 검고 윤기가 있다. 탕색은 갈색 느낌이
드는 맑은 오렌지계. 단맛이 두드러지며 과일향이 난
다. 떫은맛과 쓴맛이 적어서 블렌딩용으로 좋으며 생
강홍차에 적합하다.

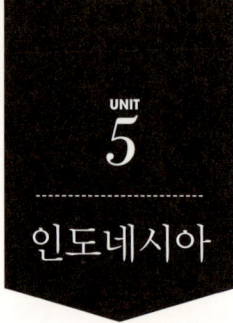

Java

Indonesia

자바 JAVA

실론티에 가까운 풍미, 명확한 특징은 없지만 깔끔한 맛

1690년 네덜란드 식민지시대에 중국의 묘목을 가져다 첫 다원을 일구었다. 1872년 아삼종을 스리랑카로부터 옮겨와 현재의 광대한 홍차다원이 만들어진다. 자바 섬 서쪽 표고 1,500미터 이상의 고원과 산간에 홍차 다원이 펼쳐져 있다. 이곳은 스리랑카와 지형과 기온이 유사하므로 홍차의 풍미도 실론티에 가깝다. 수확은 일년 내내 이루어져 안정된 품질과 가격을 유지한다. 등급은 주로 BOP와 CTC. 떫은맛이 약하고 향도 강하지 않다. 탕색도 투명감이 있는 밝은 오렌지계. 개성이 명료하지 않으므로 블렌딩에 사용하기 좋다.

자바 섬은 전통적인 홍차 생산지였다. 오래전부터 인도, 스리랑카에 이은 대규모 다원 재배가 이루어져 홍차를 수출하였지만, 2차 세계대전과 독립전쟁으로 다원이 쇠퇴하고 홍차 생산도 줄어들었다. 최근 다원의 복구에 힘입어 대규모 국영 다원이 운영되며 자카르타 옥션을 통해 세계 각지로 수출되고 있다.

자바 **BOP**
Malabar T.E

찻잎과 탕색 향미 분석
향/2 쓴맛/1 떫은맛/1 탕색/3 수렴성/1

맛	떫은맛이 적어 부드럽고 깔끔한 맛
추출기준	350cc 4g 4분
추천 추출법	스트레이트, 밀크티, 아이스티

깔끔한 맛, 떫은맛은 적고 탕색은 진한 오렌지계, 달콤한 과일향과 신선한 느낌의 풀향을 낸다.

M.t kenya

Kenya

케냐 Kenya

대규모 다원 개발로 세계 홍차 생산량 제3위에 이르는 아프리카 대표 홍차

케냐는 적도에 위치하지만 전체적으로 표고가 높아서 1,500~2,700미터에 이르는 고
지대에 다원이 만들어졌다. 건기와 우기가 뚜렷하여 퀄리티시즌은 1~2월과 7~9월이
지만 연중 차 따기가 가능하여 안정된 품질의 홍차를 생산하며 찻잎의 성장도 빠르다.

세계적으로 제다 공정의 기계화가 진행된 1960년대에 케냐 홍차산업을 진흥시켜
CTC홍차를 대량생산하고 있지만 우수한 찻잎은 OP타입을 만들기도 한다. 명확한
개성이 없으므로 블렌드용으로 많이 사용하며 떫은맛은 약하지만 탕색이 짙게 나오
므로 밀크티를 만들면 아름다운 크림브라운이 만들어진다. 아이스티로도 부담 없이
즐길 수 있다.

1903년 인도 아삼종을 도입하여 홍차를 재배하기 시작했다. 그러나 대규모 다원이
시작된 것은 1963년 영국으로부터 독립한 후이다. 연중 생산이 가능한 이상적인 기
후와 풍부한 노동력을 기반으로 세계적인 홍차 생산국이 되었다.

케냐 **OP**
Kaimosi T.E TGFOP

찻잎과 탕색 향미 분석
향/3 쓴맛/2 떫은맛/2 탕색/3 수렴성/2

맛	단맛 속에 산뜻한 신맛이 갖춰져 있다.
추출기준	350cc 4g 4분
추천 추출법	스트레이트, 밀크티

골든팁이 다량 함유된 케냐산 찻잎. 빛나는 오렌지계의 맑고 투명한 붉은색. 감귤을 연상시키는 산뜻한 향과 신맛과 단맛이 조화를 이룬다.

케냐 **CTC**

찻잎과 탕색 향미 분석
향/1 쓴맛/1 떫은맛/3 탕색/3 수렴성/1

맛	진하고 상쾌한 떫은맛
추출기준	350cc 4g 2분
추천 추출법	밀크티

진하고 상쾌한 떫은맛. 탕색은 진한 적색. 티백에 적합.

CHAPTER
2

홍차
역사여행

중국에서 탄생한 차는 멀리 영국으로
건너가 유럽의 홍차문화를 꽃피웠다.
그 과정에 장대한 세계사가 전개된다.
차와 도자기는 무역의 핵심품목이 되었고
이것을 손에 넣기 위한 치열한 경쟁은
식민지개발, 전쟁과 독립운동이라는
역사적인 사건을 만들어 낸다.

중국에서 탄생한 차는 멀리 영국으로 건너가 유럽의 홍차문화를 꽃피웠다. 그 과정에 장대한 세계사가 전개된다. 유럽에서도 처음에는 녹차를 마셨지만, 18세기에 들어서 홍차의 비중이 더 커졌다.

유럽에 차가 전래된 것은 17세기 네덜란드에 의해서였다. 1602년 네덜란드 동인도회사가 설립되고, 1609년 일본 히라도平戶에 상점을 열고 다음 해 녹차를 가지고 돌아간다. 동양의 다완, 다기, 차 마시는 법이 네덜란드 귀족사회에 퍼지게 되자 그들은 동양 취미에 매혹된다. 당시 차는 금은에 비교될 정도로 고가품이었으므로 귀족들의 재력 과시를 위한 좋은 도구였다. 그후 차는 네덜란드에서 영국으로 전해진다. 영국에서 맨 처음 차를 판매한 것은 1657년 런던의 커피하우스 '가웨이Garraways'였다. 당시에는 차를 만병에 효능이 있는 동양의 신비로운 약으로 홍보하였다. 차를 영국 상류사회에 정착시킨 인물은 1662년 찰스 2세와 결혼한 포르투갈의 캐서린 공주였다. 그녀가 매일 마신 차는 영국 귀부인들에게 동경의 대상이 되었다. 1680년대에 들어서자 영국 동인도회사가 본격적으로 차를 수입하기 시작했다. 그리고 1706년에는 토마스 트와이닝이 동인도회사에서 독립해 차 판매를 시작한다. 바로 현재의 트와이닝스의 창립자이다.

한편 네덜란드인들에 의해 미국에서도 홍차가 널리 퍼졌다. 미국은 영국 동인도회사에서 홍차를 수입하였지만 과중한 세금 때문에 네덜란드 밀수품이 일반적으로 유통되고 있었다. 영국이 세수 확대를 위한 조례를 만들자 아메리카 식민지인들이 분노했다. 1773년 보스턴 항에 정박 중인 세 척의 배에 분노한 식민지인들이 몰려들어 차 상자를 바다로 던져버린 보스턴차사건은 미국 독립전쟁의 기폭제가 된다.

1823년 영국인 로버트 브루스 소령이 식민지 인도 아삼 지역에서 차나무를 발견한다. 이후 브루스 소령의 동생 찰스 브루스에 의해 아삼차 재배가 시작된다. 이제 영국은 더 이상 중국차에 의존하지 않고 독자적인 홍차 생산을 할 수 있는 길이 열린 것이다.

1869년에는 수에즈운하가 개통되자 멀리 희망봉을 돌아서 90일 이상 걸리던 중국 런던 간 항해가 28일 만에 이루어진다.

1890년에는 토마스 립톤이 스리랑카 우바 지역에서 자사의 다원을 확보하여 신선하고 싼 가격의 립톤 홍차가 전 세계로 퍼지게 되고 실론티는 홍차의 내명사가 된다. 고가의 귀중품이었던 홍차가 누구나 구할 수 있는 세계인의 음료가 된 것이다.

홍차의 나라 영국

🍃 차의 보급

1658년 영국 청교도 혁명의 지도자 올리버 크롬웰(1599~1658)이 사망하자 프랑스로 망명했던 찰스 2세(1630~1685)가 귀국하여 1660년에 왕정이 복고되었다. 이 찰스 2세가 맞이한 왕비가 포르투칼에서 시집온 브라간사왕가의 공주 캐서린(1638~1705)이다.

1662년 캐서린은 7척의 배를 혼수로 가지고 왔는데, 이 배에는 설탕이 가득 실려 있었다. 당시 설탕은 고가품이어서 은과 같은 가치가 있었다고 한다. 그리고 캐서린이 가지고 들어온 또 다른 보물은 바로 동양의 차였다. 이때의 차는 중국산 녹차가 주였고 영국 국민음료가 된 홍차가 본격적으로 들어온 것은 18세기에 이르러서였다.

캐서린 왕비

영국의 퍼스트레이디가 애호하는 차와 중국의 자기 찻그릇은 왕후 귀족과 부유층 사이에서 순식간에 유행하게 된다. 그리고 런던의 커피하우스에서는 차를 마시는 사람들이 점점 늘어나고 차를 파는 가게나 왕실에 차를 들이는 전용 차상인이 나타난다.

🍃 커피하우스

17세기 중반 영국에서는 새롭게 들어온 커피와 차가 큰 인기를 얻게 되자, 커피하우스가 생기기 시작했다. 최초의 커피하우스는 1650년 유대인에 의해 옥스퍼드에 문을 연다. 1657년 토마스 가웨이가 런던에 커피하우스 '가웨이'를 열고, 커피와 코코아 그리고 차도 팔았다. 1660년 가웨이는 차 선전용 팸플릿을 만들어 '겨울이나 여름이나 마시기 적당한 온도의 음료, 늙을 때까지 건강을 유지시켜 주며 질병을 치료한다'는 등 30항목에 걸친 차의 효용을 선전했다. 커피하우스는 17세기에서 18세기 중반까지 전성기를 이루었는데, 런던에만 3000여 곳에 이르렀다. 커피하우스는 일반시민들의 모임장소였으며 정치 사회 경제에 대한 토론의 장소이기도 했다. 이는 곧 민주주의가 탄생하는 바탕이 되기에 충분했다. 때문에 위기

커피하우스

의식을 느낀 찰스 2세는 1675년 커피하우스 금지령을 내렸지만, 민중의 지지를 받는 커피하우스를 철회시킬 수 없었다. 커피하우스는 더욱 번성했고 차는 이제 상류층뿐 아니라 서민의 음료로 깊이 뿌리내리게 되었다.

녹차에서 홍차로

영국 사람들이 처음 즐기던 차는 중국의 녹차였다. 1720년경 사람들의 기호에 변화가 찾아온다. 그것은 녹차보다 더 저렴하면서도 진한 향과 탕색을 내는 산화발효차 정산소종의 등장으로 시작된다. 정산소종은 중국 복건성 무이산 주변에서 나는 홍차인데(正山 : 무이산 / 小種 : 소엽종 차나무) 생산량이 적고 유럽의 소비량은 늘어났으므로 랍상소총이라는 훈연향이 강한 홍차를 만들어 팔게 된다. 전통적으로 중국인들은 녹차든 발효차든 건조시킨 완성품에 향을 첨가하기 위해 다시 손을 대지 않았다. 하지만 영국의 수질은 경수여서 차를 우리면 맛과 향이 연해지고 탕색은 진해지므로 영국인은 향이 강한 차를 선호하게 된다. 중국인들은 대부분 녹차나 오룡차를 마셨고 홍차는 수출용으로 별도 제조하였다. 수출용 랍상소총은 건조시킨 찻잎에 습기를 가하고 다시 연기에 그을리는 작업을 하여 생산했다. 원래의 정산소종보다 맛과 향이 강한 랍상소총은 달콤한 과일향, 시원한 소나무훈향이 아니라 정로환과 같은 냄새가 난다. 이 향을 영국인은 동양의 향으로 인식하였다.

복건성 무이산 동목촌

미국 독립과 홍차

 **독립전쟁의 계기가 된
보스턴차사건**

1664년 네덜란드령이었던 지금의 뉴욕이 영국령이 되었다. 동시에 차의 공급도 영국 동인도회사가 맡게 되자 홍차 가격이 폭등하였다. 이미 차가 생활필수품이었던 미국인들은 높은 세금이 붙은 영국 홍차보다 저렴한 네덜란드 밀수 홍차를 애용하였다. 영국 동인도회사의 막대한 세수를 지키려는 영국 정부는 1773년 동인도회사에 차 판매 독점권을 부여하는 차조례를 발표한다.

이런 강경책은 미국인을 격분시켰다. 1773년 12월 16일 시민의 한 무리가 인디언으로 변장하고 보스턴 항에 정박해 있는 영국 동인도회사의 배에 침입하여 342상자의 홍차를 바다에 던져버린다. 이것이 유명한 보스턴차사건이다.

이를 계기로 북아메리카 13주 대표들이 모인 대륙회의가 개최되고 1775년 독립전쟁이 일어난다.

보스턴차사건

아편전쟁과 홍차 레이스

 홍차로 인한 무역불균형이 만든 참사 '아편전쟁'

18세기 중반 영국에서 홍차 소비가 급격하게 증가하자 홍차는 영국 동인도회사의 주요 수입품이 된다. 중국은 유럽의 상품에는 관심이 없었기 때문에 차를 판매한 대금을 은으로만 받길 원했다. 그러므로 무역불균형으로 인한 은

유출은 유럽 경제에 심각한 문제를 일으키게 된다. 게다가 영국은 남아메리카의 은광에서 채굴한 은을 식민지 미국을 통해 유입해 왔지만, 미국 독립으로 그것도 불가능해졌다. 이 무역불균형을 해소할 유일한 방법은 지구상에서 가장 비윤리적인 행위, 바로 아편무역이었다.

영국은 인도 벵골지역에서 재배한 아편을 중국으로 가져가서 은을 확보한다. 아편 판매는 무려 300배에서 500배의 수익을 얻는 뿌리칠 수 없는 유혹이었다. 차 무역으로 잃었던 은이 단숨에

아편굴

![photo]

영국으로 역류하기 시작했다.

아편은 중국에서는 예부터 약용으로 소량 사용되었던 물건이었지만 영국에 의해 급속도로 퍼져 중국에 엄청난 사회 경제적 해악을 끼친다. 청 왕조는 아편 흡입을 금지하고 수입금지령을 내렸지만, 돈을 위해서는 무엇이든 하던 유럽 상인들의 극렬한 반격과 부패한 관리들로 인해 이미 돌이킬 수 없는 지경에 이르게 된다.

1838년 청나라 조정은 임칙서林則徐(1785~1850)를 광동에 파견하여 '현재 보유하고 있는 아편을 모두 몰수한다. 아편을 가진 자는 처형한다'는 포고를 내린다.

임칙서는 아편을 파는 자를 처형하고, 뇌물을 받은 관리들을 징벌하고, 영국 상인을 압박했다. 나아가 이들 상인이 가지고 있는 아편을 몰수하기 위해 서양 상점을 병사들로 포위하는 강경책을 쓴다.

영국은 아편의 자유무역을 방해받았다는 이유를 내세워 청나라 조정에 무력을 행사하였다. 1840년 6월 은밀히 광동에 도착한 영국 해군 함대는 즉시 공격을 개시하여 임칙서가 지키는 기지를 함락시킨다. 나아가 북상하여 해안 도시들을 공격했다. 영국 함대의 위력은 청나라의 군사력과 비교조차 할 수 없는 파괴력을 가지고 있었다. 청나라

수에즈운하의 개통을 알리는 신문 일러스트

황제 도광제道光帝도 자국 군대의 실정을 알고 있었지만 아편 금지를 해제할 수도 없으므로 전쟁에 임할 수밖에 없었다.

1842년 8월 마침내 청 왕조는 영국과 굴욕적인 '남경조약'을 체결하고 홍콩섬을 영국에 할양한다. 그후 홍콩은 1세기에 걸쳐 영국의 식민 통치를 받았다.

아편전쟁으로 영국은 홍콩뿐 아니라 광동, 하문, 복주, 영파, 상해를 개항시키고 자유무역을 시작한다. 1844년에는 미국, 프랑스도 청나라와 통상조약을 체결하면서 중국차 무역은 자유경쟁으로 바뀌게 된다.

🍃 티 레이스

중국차 수입은 영국 동인도회사에만 인정된 특권이었으나 1833년 동인도회사의 특권이 폐지되어 영국 각지에서 일확천금을 꿈꾸던 회사들이 차무역 경쟁에 뛰어든다. 이제 누가 더 빠르게 중국의 새 차를 유럽으로 가져오는가가 경쟁의 핵심이 된 것이다. 그래서 등장한 것이 티 클리퍼Tea Clipper라고 부르는 쾌속 범선이다.

당시 중국에서 런던 템스강 하구의 항구까지 차를 운송한 것은 영국 범선이었다. 그러나 1849년 오랫동안 영국

차무역에서 외국 배를 배제해 온 항해법이 폐지된다. 미국의 쾌속선 오리엔탈호는 1850년 런던에 차를 배달하기 시작했는데, 기존의 영국 배의 절반밖에 되지 않는 95일에 항해를 마쳤다. 이로써 뜨거운 속도 경쟁이 시작된다. 이 속도 경쟁은 티 레이스 또는 티 클리퍼라고 불리는 국제적인 스포츠 이벤트가 된다. 미국의 더 빠른 범선이 들어오고 쾌속선을 건조하는 조선업 붐이 일어난다.

항해는 마치 대서양 횡단 보트경기처럼 팬클럽을 갖고 경쟁했고 내기 도박도 벌어졌으며 승자에게는 상금이 주어졌다. 선장과 선원은 프로경기 팀처럼 준비와 훈련을 했고 스톱워치 대신 달력에서 시선을 떼지 않았다. 클리퍼들 사이에 불과 몇 분 차이로 순위가 결정되는 경우도 있었으므로, 런던 시민이 부두를 가득 메우고 그들을 응원하기도 했다. 사교계에서는 갓 도착한 티 클리퍼에서 신선한 차를 누가 먼저 얻는지, 그 순서를 예약하는 것이 자랑거리가 되었다. 새 차를 맛보는 최초의 인간이 되려는 소동은 19세기 런던판 보졸레 누보 이벤트와 같은 것이었다. 티 레이스는 증기선이 발명되고, 1869년 수에즈 운하가 개통되면서 사라진다.

아삼티, 다즐링티, 실론티

영국은 해군 브루스 형제들에 의해 1825년 인도 아삼지역에서 차의 묘목과 씨앗을 손에 넣는다. 동생 찰스 브루스는 아삼지역의 여러 지역을 다니며 차나무 재배를 시도하여 인도에서 차 재배에 성공한다. 그는 아삼에는 아삼종 차나무를 심어야 하며 강렬한 태양 때문에 그늘을 만들어줄 섀도우트리를 심어야 한다는 사실도 알게 되었다. 중국의 홍차 제다법으로 아삼티가 만들어지고 1839년 아삼티는 영국에서 판매되기 시작한다. 아삼티의 성공으로 홍차의 대규모 생산이 가능해지고, 유럽은 더 이상 중국에 의존하지 않고 홍차를 얻게 된다.

한편, 인도 총독이었던 윌리엄 베네티크는 다업위원회를 설립하고 아삼의 기후, 토양, 지형을 조사하여 다원을 조성하고, 제다기술을 얻기 위해 중국에 조지 고든을 파견하여 차 종자를 얻었지만 이식에는 성공하지 못한다. 동인도

회사의 요청으로 로버트 포천이라는 스코틀랜드 출신 원예업자가 중국에 파견된다. 최초의 산업스파이라고 할 수 있는 그는 이미 중국의 귀한 식물들을 가져와서 상업적인 성공을 이루었으면서도 험난한 고생길을 마다하지 않고 오랜 비밀을 유지하던 중국의 차생산과 재배를 추적한다. 마침내 그는 차 종자, 묘목 그리고 차 재배에 익숙한 차 농부들을 데리고 인도 캘커타에 도착한다. 이렇게 해서 얻은 중국종 묘목을 인도의 여러 다원에 심었지만 오직 다즐링에서만 재배에 성공한다. 고급스러운 머스캣포도향을 내는 중국종 홍차 다즐링티는 이렇게 만들어졌다.

지금은 스리랑카인 실론이라는 이름을 들으면 누구나 홍차를 떠올리게 된다. 그러나 스리랑카에 개척된 농장의 생산물은 홍차가 아니라 커피였다. 영국은 새로운 식민지 실론섬에 대규모 커피농장을 개척했다. 그러나 1865년 전염병인 커피녹병이 대유행해 실론의 커피농장은 폐허가 되어버린다. 실론티의 아버지로 불리는 제임스 테일러는 모두가 떠난 커피농장에 아삼종 차나무를 심고, 홍차 제다에 평생을 바친다.

영국은 실론에 대규모 농장을 개척하기 위해 남인도의 타밀인들을 이주시키

게 되는데, 차별받는 타밀족의 비참한 생활은 계속되었고 후에 스리랑카의 오랜 내전의 원인이 된다.

실론티에 투자하여 세계적인 기업을 일군 이가 바로 토마스 립톤이다. 식료품점으로 크게 성공한 토마스 립톤은 우바 지역의 다원을 직접 사들이고 콜롬보에 제다공장을 설립한다. 그리고 '다원에서 티포트로'라는 캐치프레이즈를 내세우고 세계적인 유통망을 이용하여 실론티를 보급하게 된다. 현재 스리랑카는 세계 최대의 홍차 수출국이다.

홍차
문화여행

BANNER OF PARASOL

TREASURG VASG

GOLDEN FISH

'신비한 동양의 아로마' 홍차가 유럽의 귀족사회에 퍼지게 되자 그들은 동양취미에 매혹된다.
홍차를 위한 아름다운 중국도자기는 유럽인의 생활수준을 한 단계 끌어올렸다. 동양의 보물을
손에 넣고 싶어 했던 그들의 열망은 세계적인 명품 도자기와 홍차 브랜드를 탄생시킨다.

상류층의 홍차문화

포르투갈 공주 캐서린은 영국 국왕 찰스 2세와 결혼할 때 혼수로 차와 함께 중국제 티세트도 가지고 왔다. 당시의 찻잔과 잔받침은 중국 디자인을 모델로 하여 손잡이가 없는 찻잔과 접시로 되어 있었다. 중국이나 일본에서 들여온 손잡이 없는 찻잔에 차를 따르면 뜨거워서 받침접시에 차를 조금씩 옮겨 부어 식히면서 마셨는데 홀짝거리는 소리를 내며 마셨다고 한다. 초기 유럽의 잔받침은 차를 따라서 식히기 위해서 지금보다 상당히 깊은 모양으로 만들어졌다. 받침접시로 마시기 때문에 스푼은 설탕을 넣고 저은 후 접시 위에 올려놓지 않고 찻잔 안에 넣어두는 것이 올바른 매너였다. 또 잔이 작아서 잔을 다 비우면 몇 번이고 더 마실 수 있었으며, 충분히 다 마셨다는 것을 표현할 때는 스푼을 잔 위에 올려놓거나 스푼으로 찻잔을 가볍게 두드려 하인에게 신호를 보내 치우도록 했다.

부의 상징인 차를 마시는 문화가 왕실과 귀족 사이에 생활습관으로 자리 잡게 되자, 귀족들은 고가품인 차를 열쇠가 달린 보석상자 같은 곳에 보관했다. 이것을 '캐디박스'라고 하며 거북이 등딱지나 은으로 장식했다. 차를 내는 방식은 두 가지가 있었다. 하나는 네덜란드 식으로 찻잎을 은으로 만든 포트에 넣고 물을 부은 다음 불에 올려 끓여내는 방법이고, 다른 하나는 중국처럼 주전자 모양의 작은 티포트에 찻잎을 넣고 뜨거운 물을 부어 우려내는 방법이다. 당시의 포트는 작아서 뜨거운 물을 계속 보충하면서 여러 번 우려 마셨다. 이때 사용했던 것이 작은 구멍이 뚫린 은제 '모트스푼'인데, 이것을 이용해서 찻잎을 떠냈다. 모트스푼은 나중에 차를 걸러내는 스트레이너로 변한다.

귀족들의 티타임은 아침에 침대에서 일어나자마자 시작하여 밤에 침대로 들어가기까지 하루에 6~7회나 이어졌다. 귀족계급과 서민 사이에는 차를 마시는 습관과 매너 등에 확연한 차이가 있었다. 우선 귀족의 차문화가 도대체 어떤 것이었는지, 18~19세기 티타임의 모습을 아침부터 밤까지 순서대로 소개한다.

① 얼리 모닝 티 Early morning tea

이른 아침 하인이 침대까지 티 트레이에 올린 따듯한 홍차를 가져다준다. 눈을 뜨자마자 우선 목을 축이는 것이다.

② 브렉퍼스트 티 Breakfast tea

아침에 일어나 잉글리시 브렉퍼스트를 먹는다. 메뉴는 신선한 주스, 계란요리, 햄, 소시지, 말린 생선, 빵, 과일 그리고 신선한 우유를 넣은 홍차이다.

③ 일레븐시스 티 Elevenses tea

아침식사가 끝나면 옷을 갈아입거나 화장이나 머리 정리를 하면서 하루의 일과를 생각한다. 그럴 때 한잔 마시는 홍차이다.

④ 런치 티 Lunch tea

잉글리시 브렉퍼스트를 배불리 먹은 후에 만복감이 남아 있으므로 점심식사를 거의 하지 않는다. 대신 티 바스켓에 홍차와 과일이나 과자를 넣고 피크닉을 나간다. 그 사이가 하인들의 오후 휴식시간이었다.

⑤ 애프터눈 티 Afternoon tea

19세기 중반 7대 베드포드 공작부인 안나 (1788~1861)에 의해 퍼진 습관이다. 아침식사는 풍성하게 먹고 점심식사를 먹지 않았기 때문에 저녁식사 시간이 되기 전에 배가 고파진다. 안나는 친구들을 불러 홍차와 과자를 대접했는데, 이것이 상류사회에 퍼져서 맛있는 티푸드에 홍차가 곁들여지는 애프터눈 티가 되었다.

⑥ 하이 티 High tea

하이 티는 고기요리를 곁들인 차라는 의미도 있고, 정식 디너가 아닌 가볍게 때우는 저녁식사를 말한다. 스코틀랜드 지방에서 시작했으며, 하이 티의 하이는 애프터눈 티 전용으로 사용된 낮은 티테이블이 아니라 식탁에서 홍차와 가벼운 식사를 한다는 의미에서 온 것이다.

하이 티는 고기나 감자요리에 설탕이 들어간 홍차를 마시는 서민들의 저녁식사를 의미하는 말이지만, 귀족들이 연극이나 음악회를 참관하는 도중 잠시 쉴 때 마시는 홍차를 하이 티라고 불렀다.

⑦ 나이트캡 티 Nightcap tea

밤늦은 시간 침대에 들어가서 자기 전에 몸을 따듯하게 하기 위해 마시는 홍차를 말한다. 얼리 모닝 티와 마찬가지로 하인이 날라다주는 차이다.

Garden of spring 홍차가게

서민층의 홍차문화

영국 시민들이 일상적으로 드나들던 커피하우스는 남성만 출입할 수 있는 금녀의 장소였으므로 일반 여성은 차를 접할 기회가 없었다. 유명한 홍차기업 트와이닝스를 설립한 토마스 트와이닝은 1717년 찻집이 아니라 집에서 끓여 마실 수 있는 찻잎을 판매하는 가게 골든 라이온을 열었다. 이제 차는 일반 가정주부의 손으로 넘어가게 된다. 차는 포목이나 모자 재봉용품을 파는 부인용품점에서도 팔게 된다. 이 무렵부터 홍차를 맛있게 우리는 법 등을 적은 광고 팸플릿이나 소책자가 나왔고, 지금 흔히 말하는 골든룰이 정해진다. 당시의 차 우리는 법은 티포트에 찻잎을 넣고 우선 뜨거운 물을 반 정도 붓고, 찻물이 진해지면 뜨거운 물을 보충하는 식으로 설명되어 있다.

일반 서민에게도 차가 보급되자 중국에서 수입하는 차만으로는 수요를 충족할 수 없었다. 그래서 질이 나쁜 찻잎과 함께 밀수한 위조차가 유통된다. 차상인 중에는 귀족이 사용한 찻잎을 하인으로부터 싸게 사들여, 그 속에 낙엽이나 버들잎 등을 섞어서 팔기도 했다. 심한 것은 전혀 찻잎이 들어가지 않고 나뭇잎이나 풀, 톱밥 등에 약품을 써서 착색한 것도 있었다.

중국에서 온 녹차는 착색된 것 등 가짜가 많아져 신뢰를 잃게 되었고 홍차가 일반화 되는 한 원인이 되었다.

19세기 중반 인도에서 아삼티가 동인도회사에 의해 런던 시장으로 들어온다. 아삼티는 중국에서 온 차에 비하면 진하고 홍차다운 자극이 분명했으며 탕색은 붉은색이라기보다 오히려 커피와 비슷한 검은색에 가까워 블랙티라는 이름이 어울린다. 힘든 노동으로 강한 자극을 원하던 서민들은 홍차는 될 수 있는 한 진해야 한다고 생각했기 때문에 아삼티는 적극적인 환영을 받는다. 진한 아삼티에 설탕과 우유를 넣어 맛깔스러운 크림브라운을 내는 홍차는 고된 노동에 시달리던 이들에게 휴식과 영양을 주기에 충분했다.

서민들도 하루에 6~7회씩 홍차를 마셨다.

① 얼리 모닝 티 Early morning tea

산업혁명이 일어나고 사람들은 도시로 몰려들었다. 이들은 아침 일찍 일어나 일터로 나가야 했다. 일터로 나가기 전 난로 옆에서 뜨거운 홍차를 마셨다. 한잔은 자신이 마시고, 또 한잔은 침대에서 자는 아내 옆에 놓고 나갔다.

② 브렉퍼스트 티 Breakfast tea

일터에 도착하면 빵이나 비스켓을 먹으면서 홍차를 마시는 것으로 아침을 때웠다. 집에 있는 부인의 아침식사도 소박한 음식과 홍차였다.

③ 일레븐시스 티 Elevenses tea

정오 전에 일을 잠시 쉬고 한잔 마시는 홍차이다. 산업화로 인해 오염된 물을 그대로 마실 수 없으므로 결국 끓여야 했고 거기에 홍차를 넣은 후 목을 축였다.

④ 런치 티 Lunch tea

점심식사도 빵이나 소시지 같은 간단한 식사였다. 이때도 역시 홍차를 곁들였다.

⑤ 애프터눈 티 Afternoon tea

쉬는 날에는 가족과 오후의 홍차를 즐길 수 있었다. 스콘이나 머핀 등 구운 과자 이외에 치즈나 샌드위치도 먹었다. 실내에서뿐만 아니라 교외나 정원에서도 가든 티를 즐겼다.

⑥ 하이 티 High tea

서민의 식문화에서 생긴 습관이다. 간단한 저녁 식사에 빵과 치즈, 고기요리 등도 함께 먹었기 때문에 미트 티Meat tea라고도 불렸다. 남성들은 홍차나 술을 여성과 어린이들은 홍차를 곁들였다.

⑦ 나이트캡 티 Nightcap tea

추운 밤 침대에 들어가기 전에 몸을 따뜻하게 하는 한잔이다. 몸과 마음의 피로를 푸는 민트를 첨가하기도 했다.

홍차와 도자기

홍차의 나라 영국은 홍차 산업과 더불어 도자기 산업이 크게 발전한 나라이다. 홍차문화는 자연스럽게 홍차를 즐기는데 필요한 도자기의 발전을 가져온다. 도자기는 생활용품이면서 그 자체로 예술품이었으므로 유럽의 생활문화에 큰 영향을 준다.

차와 도자기는 유럽인들의 생활수준을 한 단계 향상시켰다. 귀족들만 구할 수 있는 매우 비싼 도자기 찻잔을 가지는 것은 높은 사회적 위치를 표시하는 것이었다. 그러므로 귀족들은 자신의 초상화를 그릴 때 손에 도자기 잔을 들고 있었다. 17세기 후반 귀족들은 그 귀중함 때문에 자신의 찻잔과 잔받침을 새틴으로 안감 처리한 특제 가죽케이스

요한 하인리히 티슈바인, 1756년

에 넣어서 휴대하고 다녔다.

영국인들은 고가의 수입품인 중국제와 똑같은 도자기를 원했다. 오리지널 중국제를 닮지 않으면 흥미를 가지지 않았다. 중국제 도자기의 대부분은 블루와 화이트로 물들인 청화백자였다. 이 블루와 화이트에 대한 애착은 300년간 계속된다.

청화티포트. 고전문화 소장

유럽인들이 그토록 선망하던 중국의 도자기 제조법은 오랫동안 비밀을 유지했다. 유럽인들은 도자기 생산의 세 가지 핵심 비밀, 즉 도토와, 유약 그리고 굽는 온도를 알아내기 위해 심혈을 기울였지만 동양의 자기와 같은 수준에 이르는 데는 오랜 시간이 필요했다. 오랜 우여곡절을 거쳐 마침내 불순물이 적고 가소성이 뛰어나며 구워도 흰 색을 유지하는 점토를 발견하고, 높은 온도에서 녹아내려 유리질화 되는 유약의 성분을 알아내었으며, 1300도라는 고온을 내는 수준에 다다르게 된다.

1709년에 마이센 자기가 처음으로 만

들어졌는데, 영국은 독일이나 프랑스의 도자기 회사보다 기술혁신이 늦었다. 게다가 무역상의 제한에 의해 영국에서는 독일제 자기는 판매될 수 없었다. 반대로 중국제 자기는 영국에 대량으로 수입되었다. 그래서 중국 자기는 영국 도자기산업의 발전에 큰 영향을 준다. 또 정치적으로 깊은 관계를 가진 네덜란드로부터 네덜란드 도예가들이 건너온다. 그리고 네덜란드를 대표하는 델프트웨어 도기가 영국 초기의 도예에 영향을 준다.

처음에는 손잡이 없는 찻잔과 기타 테이블웨어의 대부분이 중국제를 흉내 내 만들어졌다. 18세기 유럽 자기는 현대 자기보다 부드럽고 가벼운 것이었다. 백점토와 잘게 부순 유리를 섞고 1,100도에서 구웠다. 이 자기는 깨지기 쉬워서 뜨거운 차를 직접 부으면 잔이 미세하게 갈라졌다. 이것을 막기 위해 먼저 차가운 우유를 넣는 풍습이 생겼다. 그런데 견고한 자기인 본차이나를 사용하는 지금도 이 습관이 남아 있다. 지금처럼 찻잔에 손잡이를 만들게 된 것은 18세기부터이다. 홍차처럼 산화발효시킨 차는 고온에서 우려내므로 찻잔이 뜨거울 뿐만 아니라 잔의 크기가 커지면서 필요상 손잡이가 만들어졌다.

1770년 조시아 웨지우드JOSIAH WE-DGWOOD는 크림웨어 양산에 성공했다. 치밀하게 성형된 잔에 투명한 유약을 칠하여 아름다운 크림색 도기를 만든 것이다. 18세기 말인 1798년 대량생산에 적합한 본차이나경질자기가 만들어졌다. 실제로 동물의 뼈 성분이 들어가는 본차이나는 가볍고 투명감이 있으며 튼튼했다. 웨스터 공방에서는 영국에서 처음으로 상업적인 선물용으로 조지 2세와 조지 3세의 초상이 전사법으로 그려진 머그잔이 생산되었다. 오늘날까지 퀸엘리자베스2세나 그 가족을 묘사한 잔이 많이 남아 있다. 전사법과 본차이나 기술은 19세기 영국 도자기산업이 고품질 테이블웨어를 대량 생산할 수 있는 기초가 되었다. 로열딜튼, 웨지우드, 앤슬리, 헤렌드 등 명품 도자기를 생산하는 유럽은 이제 동양이 독점하던 도자기 산업의 주역이 되었다.

헤렌드 티세트. 유럽자기박물관 소장

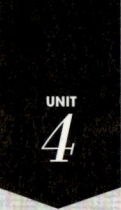

세계 명품 홍차 브랜드

 영국

트와이닝스
TWININGS

원조 '얼그레이'의 레시피를 가진 전통의 홍차명문가.
1706년 토마스 트와이닝(Thomas Twining)이
런던에서 창업. 2006년 300주년을 맞이하였다.
얼그레이란 말은 여러 가지 설이 있지만, 19세기에 수상을 역임했던
얼그레이경(그레이백작)의 이름에서 유래했다고 한다. 당시 트와이닝스에서는 손님의
요청에 대응하여 찻잎을 블렌드했었다. 중국에 파견한 사절단이 보내온 무이산 홍차의
매력에 매혹된 얼그레이경은 트와이닝스에 같은 홍차를 요청했고, 그가 원하는 찻잎을
구하기 어려워 여러 시행착오를 거친 끝에 중국산 홍차에 베르가못 오일로 향을 첨가한
찻잎을 헌상한 것이 기원이 되었다.
트와이닝스가 고안한 얼그레이 레시피는 170년을 넘어 지금까지 이어지고 있다. 1837
년 빅토리아 여왕에 의해 왕실 전용의 지위를 부여받고 오리지널 블렌드티를 만들어 내
고 있다.

립톤
Lipton

세계에서 가장 많이 팔리는 차 음료 브랜드이다. 식료품점
을 운영하던 토마스 J. 립톤이 1889년 스리랑카 홍차 잎을
영국에서 포장하여 값싸게 팔며 대중화에 기여한 홍차브랜
드이다. 1910년 출시한 옐로라벨 티백은 케냐와 스리랑카
차를 블랜딩한 것인데 세계적으로 대중적인 차가 되었다.

웨지우드
WEDGWOOD

도자기 명가 웨지우드에서 선보이는 고품질 홍차.
1759년 조시아 웨지우드(Josiah Wedgwood)가 창업.
웨지우드는 명작 쟈파웨어, 파인 본차이나로 유명한
도자기회사이다. 1991년부터 홍차 판매를 시작하였는
데, 산뜻한 코발트블루 홍차통에 담긴 우아한 향을 지
닌 엄선된 찻잎을 자랑하고 있다.

해로즈
Harrods

세계에서 가장 유명한 백화점이면서 런던의 명물인
해로즈. 1849년 찰스 헨리 해로드(Charles Henry
Harrod)가 홍차전문점을 시작으로 창업했다. 170
년이 넘는 오랜 역사를 가진 해로즈는 그간 다양한
고유브랜드 상품을 만들어냈다. 다즐링은 모두 세
컨드플러시를 사용하며, 다른 지방의 찻잎도 직접
파견한 테이스터에 의해 엄선한다.

포트넘 앤 메이슨
FORTNUM & MASON

다채롭고 풍부한 베리에이션과 세련된 맛.
1707년 윌리엄 포트넘과 휴 메이슨의 작은 식료품점으로 출
발해 300년이 넘는 역사를 자랑한다. 빅토리아 여왕 때부터
280여 년간 홍차를 비롯한 식료품들을 왕실에 납품했다. 지
금은 런던의 고급식료품점으로 명성을 누리고 있는데, 우아
하고 세련된 맛을 가진 고유 브랜드를 내놓고 있다. 산지의
차인 스트레이트티는 물론이고 애플, 스트로베리, 시나몬 등
다양한 플레이버티로도 유명하다.

아마드
AHMAD

창업자 아마드는 아시아로 건너가 양질의 찻잎 생산을 연구하고 영국으로 홍차를 수출하여 저렴한 가격의 홍차 판매로 영국 홍차 대중화에 공헌했다. 우리나라 슈퍼마켓 진열대에서 가장 많이 눈에 띄는 브랜드이기도 하다.

위타드 오브 첼시아
Whittard of CHELSEA

1886년 월터 위타드가 최고급 홍차를 목표로 런던에 창립. 세계 각지에서 생산하는 300여 종의 홍차와 말린 과일이 그대로 들어 있는 피치티나 아삼을 기본으로 한 브렉퍼스트 등이 유명하다. 다양한 홍차류와 과일, 꽃차들을 만날 수 있다.

 프랑스

자넷
Janat

창시자의 애묘 두 마리를 로고로 사용하며, 세계 최고의 맛을 추구한다.
창시자 자나 도레 Janat Dores는 최고품질의 식료품을 찾아 각국을 여행하고 풍부한 경험을 살려 여러 홍차를 블렌딩하여 개성있는 상품을 만들어낸다.

마리아쥬 프레르
MARIAGE FRERES

프랑스 최고의 역사와 전통을 자랑하는 홍차 브랜드. 프랑스 홍차문화를 선도해온 대표 브랜드로 1854년 창업 때 세워진 파리의 마레에 있는 매종은 현재도 영업중이다. 인도나 중국을 비롯해 세계 각국의 찻잎을 사용한다. 세련되고 독창적인 맛을 창안해내고 있으며, 각각의 특성을 살린 플레이버티나 블렌드티는 500 종류를 넘는 다채로움을 자랑한다.

포숑
FAUCHON

다채로운 블렌드를 자랑하는 프랑스 홍차. 1886년 파리에서 어거스트 펠릭스 포숑(Auguste Felix Fauchon)이 최고급 식품을 지향하는 식료품점으로 창업. 찻잎 자체에만 얽매이지 않고 1960년대에는 과일을, 1970년대에는 각종 꽃을 첨가한 독창적인 블렌드티를 고안해냈다.

 독일

로네펠트
Ronnefeldt

1823년 요한 로네펠트(Johan Tobias Ronnefeldt)가 프랑크푸르트에 창립한 독일 홍차. 고품질 차만 유통한다는 전략의 성공으로 현재 독일 상위 100위 호텔에서 소비되는 홍차 중 2/3 이상이 이 회사 차이다.

 미국

하니 앤 손스
HARNEY & SONS

짧은 기간에 전 세계 티 매니아를 위한 다양한 라인을 선보이고 고객의 기호를
충족시키기 위해 전 세계 유명 산지를 돌아다니며 최상의 원료를 찾는 노력을 보인다.

 일본

루피시아
LUPICIA

1994년 도쿄에서 설립된 일본 브랜드. 간편하고 세련
된 알루미늄 차통을 사용하여 젊은층의 인기를 얻고
있다. 시즌에 따른 블렌드 홍차와 현지에서 직송된 다
원별 빈티지 홍차를 다양하게 갖추고 있다.

일동홍차
日東紅茶

일본 최초 홍차 전문 다원을 가진 회사로 1909년 대만에 다원을
개설하였고, 1927년 포장브랜드 '삼정홍차'를 발매, 1930년 '일동
홍차'로 개칭하였다. 최근 '일동홍차 클래식'이 생산되고, 인터넷
판매도 시작했으며, 히로시마공장에 HACCP 시스템을 도입하여
'PRIME T.B.' 프라임 티백을 새로 발매하였다.
주요 제품은 티백차와 잎차, 인스턴트차로는 로얄 밀크티, 얼그레
이 밀크티가 유명하다. 허브차로는 '6 Variety pack' 등이 있으며
캔 홍차도 만든다.

 스리랑카

믈레즈나
Mlesna

1983년에 설립된 믈레즈나는 스리랑카의 가장 대표적인 홍차회사이다. 우바, 딤블라, 누와라엘리아 등 다양한 플레이버티를 생산한다.

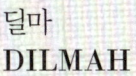

딜마
DILMAH

신선한 스리랑카 다원에서 생산된 찻잎만을 사용한 스리랑카 대표 홍차. 뛰어난 테이스터였던 스리랑카의 메릴 J, 페르난도(Merrill J, Fernando)가 1974년에 설립하였다. 딜마는 실론 홍차의 풍부한 향과 맛을 전하기 위해 현지에서 생산된 것을 산지 직송으로 만든다.
1988년 처음으로 오스트리아에서 '딜마' 상표가 도입된 이래 오늘날 90여개국 이상의 나라에서 애용된다.

 싱가포르

TWG

The Wellness Group의 약자로 신선한 찻잎을 공급받아 숙련된 장인들이 만들어 낸 1,000여 종류의 차를 제공한다. 1837년 상공회의소 설립으로 동서양 차 무역의 중심이 된 싱가포르의 역사를 기념해 생겼다.

홍차가 건강에 좋다는 것은 왜일까? 커피보다 카페인이 많다던데 정말일까? 홍차잔과 커피잔은
서로 다르다고? 루이보스티는 차인가? 홍차는 왜 레드티가 아니라 블랙티일까?
홍차를 가장 많이 마시는 나라는 어디일까? 그동안 궁금했던 홍차 에피소드 20.

1. 홍차와 녹차를 우리는 물 온도와 시간이 다른가?

홍차는 녹차와 달리 고온의 끓는 물을 이용한다. 산화발효도가 낮은 녹차나 백차는 온도를 낮춰야 쓰고 떫은맛을 누그러뜨리고 감칠맛 나는 차를 만들 수 있다. 홍차는 충분한 물 온도를 유지해야 점핑jumping이 왕성하게 일어나서 유효성분이 추출된다. 그러나 실버팁만으로 만든 홍차는 낮은 온도로 우린다.

우리는 시간은 차를 우려마시는 습관과도 관계가 있다. 보통 녹차나 오룡차는 작은 티포트를 사용하여 여러 번 우려 마시므로 1분을 기준으로 하지만, 큼직한 티포트에서 한 번에 우려 마시는 홍차는 충분한 시간이 필요하다.

녹차 : 65~75도 홍차 : 90도   녹차 : 1~3분 홍차 : 3~5분

2. 홍차를 신선하게 오래 보존하려면?

온도 : 실온
습도 : 건조한 곳
산소 : 산소와의 접촉을 막아서 향기를 보존
햇볕 : 직사광선을 피한다.
향기 : 화장품이나 향신료 등과 함께 두지 않는다.

찻잎은 수분과 냄새를 잘 빨아들인다. 따라서 완벽한 밀폐가 중요하다. 특히 냉장고에 보관하면 냉장고 냄새가 금방 배어든다. 차는 실온에서 볕이 들지 않는 곳에 밀폐된 상태로 보관하는 것이 좋으며, 전용 차통을 마련하여 보관한다.

차통은 플라스틱이나 나무 소재를 피하고 알루미늄, 유리, 도자기 소재로 만든 것을 선택한다.

🌿 3. 홍차의 성분과 효능 🌿

홍차 한 잔에는 사과 6개의 항산화 성분이 들어 있다.

홍차의 주성분은 타닌, 카페인, 아미노산과 각종 비타민 등이다. 특히 타닌은 녹차나 오룡차보다 많이 들어 있다. 타닌은 쓴맛을 내는 폴리페놀의 일종으로 중성지방을 분해시켜 다이어트에 도움을 주며, 콜레스테롤과 혈당치를 낮춘다. 차에 포함된 폴리페놀은 암이나 뇌졸중 등 각종 질병의 원인이 되는 활성산소를 억제하는 항산화 성분이다. 스웨덴 카롤린스카 의과대학 연구팀이 7만 4961명의 차 마시는 습관과 뇌에 혈전이 발생할 위험을 10년에 걸쳐 조사한 결과, 홍차를 하루에 4잔 이상 마시는 사람은 혈전이 생겨서 뇌혈관이 막힐 위험이 21% 떨어졌다고 한다.

홍차에 함유된 아스파라긴, 알긴산, 글루타민 등 아미노산은 감칠맛을 내는 성분이다. 이러한 홍차의 유효성분은 콜레라나 장염, 비브리오균 등 병원균을 격퇴시키며 바이러스를 억제하므로 감기에도 좋다. 또 홍차에 함유된 불소 성분은 충치를 예방한다.

항산화 성분 함유량 **2** = **1** = **7** = **20**
홍차   와인   오렌지주스   사과주스

홍차 두 잔에는 사과주스 20잔 분량의 항산화 성분이 들어 있다.

4. 홍차와 카페인

카페인은 신진대사를 촉진하는 이뇨작용이나 피로회복, 각성효과 그리고 소화를 돕는 작용을 한다. 반면 지나친 섭취는 건강에 해롭다.

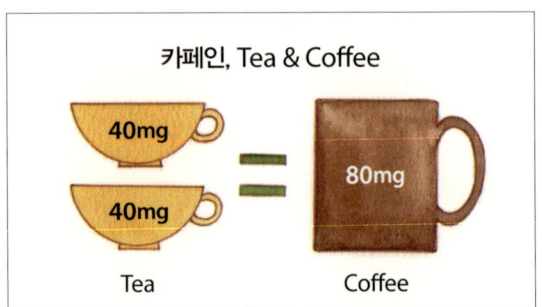

카페인하면 떠오르는 것은 커피다. 원료로 따지면 홍차 100g에는 커피 100g보다 더 많은 카페인이 들어 있다. 하지만 커피 한 잔을 만드는 데 들어가는 원료가 홍차 한 잔을 만드는 데 들어가는 원료보다 훨씬 많다. 그러므로 홍차를 마시면 커피를 마실 때보다 훨씬 적은 카페인을 섭취하게 된다.

카페인이 많이 들어 있는 음료는 에너지드링크, 인스턴트 커피, 원두 커피, 콜라, 홍차 순이다.

차 중에서는 산화발효도가 높을수록 카페인 함량도 높아서 홍차, 오룡차, 녹차, 백차 순이다.

5. 홍차와 티푸드

왜 홍차는 음식과 잘 어울리는가?

티푸드라는 말은 있지만 커피푸드라는 말은 없다. 그만큼 홍차는 음식과 잘 어울린다. 홍차의 주성분은 타닌인데, 이 타닌이 음식에 함유된 지방이나 기름을 분해하여, 입안을 상쾌하게 한다. 특히 버터, 생크림 등의 유제품, 육류나 생선의 지방분, 식물성 오일 성분을 제거하는 역할을 하며, 입 속에 남은 지방이나 기름기를 분해한다. 즉 음식을 먹을 때 홍차를 마시면 그 음식에 함유된 지방이나 기름에 좌우되지 않고, 맨 처음 한 입의 맛을 반복하여 맛볼 수 있다. 그러므로 음식에 홍차를 곁들이면 언제나 신선한 맛의 감동을 누릴 수 있는 것이다.

음식에 따라 홍차의 온도도 다르게 한다.

1. **케익, 쿠키 ,타르트 등 달콤한 티푸드에는 뜨거운 홍차**
   타닌 함유량이 높은 뜨거운 홍차는 유지방을 씻어내는 힘이 있으므로 상쾌함을 유지시켜준다.

2. **돈까스나 튀김, 중국요리 등 식사 중에 마시는 차는 40~50도로 미지근한 홍차**
   음식이 중심이므로 마시기 편한 온도의 홍차가 좋다.

3. **생선요리, 냉채, 샐러드, 카레, 라면에는 아이스티**
   아이스티는 와인으로 말하면 잘 냉장한 백포도주이다. 유지방분이 적은 요리나 자극이 강한 요리와 어울린다.

🌿 6. 밀크티의 고민 🌿

주로 밀크티를 마시는 영국인들은 찻잔에 홍차를 먼저 넣어야 하는가, 우유를 먼저 넣어야 하는가 하는 MIF(Milk in First) & TIF(Tea in First) 논쟁을 오랫동안 벌여왔다. 사실 어느 것을 먼저 넣어도 큰 차이가 없지만 영국인들은 이 문제를 가지고 오랫동안 치열한 설전을 벌였다. 우유 먼저파들은 뜨거운 차가 섬세한 도자기에 충격을 줄 염려가 있으며, 우유에 뜨거운 차를 부으면 중력 때문에 따로 저을 필요도 없고, 차가 더 맛있다고 주장했다. 반대로 차 먼저파들은 차를 먼저 넣고 우유를 부어야 차와 우유의 비율을 조절할 수 있다고 주장한다. 2003년 영국왕립화학협회Royal Society of Chemistry가 우유를 먼저 넣고 그 위에 차를 따라야 우유의 열변성이 일어나지 않는다고 발표했지만, 여전히 많은 사람들은 차를 먼저 넣고 우유를 나중에 넣고 있다.

MIF

TIF

🌿 7. 찻잔의 변천사 🌿

차가 처음 전해진 18세기 유럽에서는 녹차를 주로 마셨기 때문에 중국식 작은 찻잔을 사용했다, 홍차가 주를 이루고 나서는 뜨거운 홍차를 접시에 부어가며 마셨기 때문에 가운데가 깊이 파인 잔받침을 사용하게 된다. 18세기 말부터는 잔이 좀 더 커지고 오늘날 사용하는 손잡이가 달린 찻잔이 주류가 된다.

소형 중국식 찻잔   잔받침이 깊은 찻잔   손잡이가 달린 오늘날의 찻잔

8. 커피잔과 홍차잔은 다른가?

커피잔은 보온성에 초점을 두지만, 홍차잔은
탕색을 즐기는 시각적 효과에 초점을 둔다. 그
래서 일반적으로 커피잔은 키가 크고 두껍게
만들고, 홍차잔은 해바라기 모양으로 넓게 퍼
지게 만든다. 커피잔은 여러 가지 소재를 사용
하지만, 홍차잔은 붉고 맑은 홍차의 탕색 또는
크림브라운의 밀크티 탕색을 돋보이게 하기
위해 흰색 도자기를 고집한다.

커피잔

홍차잔

9. 세계인이 가장 많이 마시는 차는 홍차

세계인들이 마시는 차의 약 80%는 홍차이다.
유럽이나 인도, 미국 등에서는 주로 홍차를 많
이 마시고, 일본이나 한국, 중국에서는 녹차를
많이 마신다. 미국인의 경우, 홍차 소비량이
78%, 녹차 소비량 20%, 오룡차 소비량 2% 정
도이다.

2%
20%
78%

미국의 차 소비성향

10. 세계 3대 홍차는?

19세기 말~20세기 초부터 전해지는 홍차를 대표하는 차로서, 머스캣 포도 향으로
홍차의 샴페인이라 불리는 인도의 다즐링홍차, 아름다운 붉은색 탕색과 맨솔계의 상
큼한 향이 특징인 스리랑카의 우바홍차, 잘 익은 과일 향속에 동양석인 기품이 느껴
지는 중국의 기문홍차를 말한다. 각각 개성이 분명한 향과 떫은맛을 지니고 있어서
현재까지도 명품홍차의 대명사로 불린다.

11. 차는 어느 나라에서 가장 많이 생산하나?

차를 가장 많이 생산하는 나라는 중국이다. 중국은 녹차, 오룡차, 보이차 등 다양한 차를 생산한다. 홍차를 많이 생산하는 나라는 인도, 케냐, 스리랑카 순이다.

한편, 중국과 인도는 차를 많이 생산하지만, 국내 소비가 많으므로 차 전체 수출량은 케냐, 스리랑카가 더 높다.

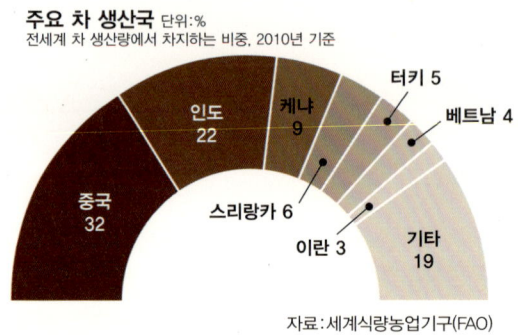

주요 차 생산국 단위:%
전세계 차 생산량에서 차지하는 비중, 2010년 기준

중국 32 / 인도 22 / 케냐 9 / 터키 5 / 베트남 4 / 스리랑카 6 / 이란 3 / 기타 19

자료:세계식량농업기구(FAO)

12. 차를 가장 많이 마시는 나라는?

최대 소비국은 단연 인도이다. 그 뒤를 이어 중국, 러시아, 터키, 일본, 영국 등이다. 그러나 일인당 소비량을 보면 아일랜드가 가장 많이 마시며 그 다음이 리비아, 그리고 영국이다. 이 나라 사람들은 대부분 홍차 애호가라고 볼 수 있다.

13. 티 옥션Tea auction 이란?

티 옥션은 인도 콜카타 등 생산국에서 개최되는 차 경매장이다. 신차가 생산되면 옥션을 통해 매매된다. 기본적으로 다원에서 막 생산된 차를 개인적으로 직접 구매하기는 어렵다. 나라별로 다르지만 일반적으로 주 1~2회 경매가 이루어지며, 등록된 바이어만 참가할 수 있다.

차가 생산되면 생산자는 중간 유통을 맡은 중개인에게 샘플을 보낸다. 중개인은 등

록된 바이어에게 이 샘플을 보내 바이어들이 미리 테이스팅을 할 수 있게 한다. 바이어들은 티 옥션에서 가격경쟁을 통해 차를 구입한다.

14. 빈티지Vintage 홍차란?

한 다원에서 그해에 수확한 단일 품종의 차를 시기에 맞춰 시중에 판매하는 것을 '빈티지 홍차' 또는 '싱글 에스테이트single estate'라고 하는데, 인도의 다즐링에서 빈티지 홍차를 가장 많이 내고 있다.

15. 홍차왕이라 불리는 사나이 립톤

흔히 홍차하면 립톤 티백홍차를 먼저 떠올린다. 서민이 살 수 있는 품질 좋고 값싼 차를 보급시킨 데 가장 큰 공헌을 한 것은 바로 토마스 립톤(1850~1931)이다. 스코틀랜드 다운타운에서 버터와 햄을 파는 작은 식료품점을 운영하는 부모 밑에서 태어났다. 집은 매우 빈곤하였지만 어릴 때부터 장사에 대한 관심이 높아서 가게에 오는 손님에게 모국어인 아일랜드어로 말을 걸거나 스코틀랜드인에게는 스코틀랜드어로 상대하여 많은 손님을 끌어들였다. 15세 때 미국으로 건너가 백화점의 식품판매코너에서 일했다. 그리고 미국식 마케팅 기법을 배워 19세에 스코틀랜드로 돌아왔다.

미국에서 귀국한 립톤은 아버지의 가게에서 독립하여 자신의 상점을 열었다. 그의 광고나 장사법은 매우 기발하였다고 한다. 짐마차에 크게 '립톤'이라고 쓰거나, 햄이나 소시지를 신선한 고기로 만들었다는 것을 선전하기 위해 진짜 돼지를 깨끗하게 씻겨서 거리를 걷게 하거나, 큰 간판에 독특한 문구를 게시하는 등 새로운 마케팅 기법으로 크게 성공한다.

1880년 립톤의 가게는 20개가 넘었다. 그 무렵 서민 사이에서 일상적인 음료가 된 홍차를 취급하게 되고 저렴한 가격에 사람들의 입에 딱 맞는 맛있는 홍차를 팔기 위해 다양한 기법을 개발한다. 무게를 달아 파는 구식 방식에서 탈피하여 팩에 넣어 포장하고, 전문 티테이스터를 고용하여 그 지방의 수질에 맞게 블렌딩한 홍차를 판매했다.

1890년 스리랑카로 건너가 아직 개척 중이던 우바의 토지와 다원을 매입한다. 그리고 홍차의 대량생산에 성공한다. 이후 신선한 홍차를 전 세계 유통망을 이용하여 공급하게 된다. 립톤의 유명한 캐치프라이즈인 '다원에서 직접 티포트로'는 이렇게 만들어졌다. 현재 립톤은 코카콜라, 펩시, 네스카페에 이어서 세계에서 4번째로 큰 음료브랜드이다.

16. 티백은 누가 시작한 아이디어일까?

티백은 우연한 오해에서 시작되었다. 1908년 뉴욕의 차상인 토마스 설리번은 차를 팔기 위한 샘플에 너무 많은 차가 소비된다고 생각했다. 그래서 차를 아끼려고 아주 작은 비단주머니에 차 샘플을 조금씩 담아서 고객에게 보냈는데, 얼마 후 많은 주문을 받게 되었다. 고객들은 샘플로 보낸 차를 주문한 것이 아니라, 주머니에 들은 차를 통째로 원했다. 그들은 주머니째로 티포트에 넣고 차를 우렸던 것이다. 일일이 차를 덜어내지 않아도 되고, 티포트를 씻기도 편한 티백의 탄생은 이렇게 시작되었다.

17. 아이스티의 시작

19세기 요리책에는 이미 아이스티와 티펀치에 대한 기사가 등장했다고 한다. 하지만 아이스티가 본격적으로 알려지게 된 것은 1904년 세인트루이스 국제무역박람회였다. 무역박람회가 열리는 한여름에 사람들은 아무도 뜨거운 홍차를 마셔보려 하지 않았다. 동인도 파빌리온을 대표하던 리처드 블렌친든은 인도의 홍차를 알리기 위해 홍차에 얼음을 넣었고 사람들은 그의 부스로 몰려들었다. 이렇게 해서 아이스티는 전 세계로 퍼지게 된다. 지금도 미국은 아이스티의 나라다. 미국에서 소비되는 홍차의 80%는 아이스티다.

18. 루이보스티는 홍차가 아닌가?

카멜리아 시넨시스Camellia sinensis, 즉 차나무 잎으로 만든 것을 차라고 한다. 따라서 루이보스티는 홍차도 녹차도 아니다. 최근 인기를 얻고 있는 루이보스티는 남아프리카의 루이보스라고 부르는 붉은색 관목의 바늘 모양의 잎과 줄기로 만드는 허브티다. 카페인이 없으며 노화방지에 도움이 되는 성분을 함유하고 있다.

19. 녹차는 그린티Green tea인데 홍차는 왜 레드티Red tea라고 하지 않고 블랙티Black tea라고 하나?

중국에서는 붉다는 의미에서 홍차라고 명명했지만, 서양으로 건너간 홍차는 블랙티가 되었다. 중국에서 검은색을 의미하는 흑차는 서양의 블랙티와는 전혀 다른 중국 서남쪽 대엽종 차나무 잎으로 만든 흑차, 즉 보이차 종류를 말한다. 처음 중국에서 유럽으로 건너간 차는 그린티라고 불리는 연녹색 탕색을 내는 녹차였지만, 나중에 인기를 얻게 되는 정산소종 계열의 홍차는 수질이 경수인 영국의 물로 우리면 탕색이 더욱 진해져서 붉은색보다는 검은색에 가까워진다. 그래서 레드티가 아니라 블랙티로 불리게 되었다.

20. 한국 홍차, 우리나라는 홍차를 더 많이 생산하던 나라였다!

우리나라는 이미 삼국시대부터 차나무를 재배하였고, 화려한 차문화와 역사를 가지고 있다. 지금은 국산차 하면 누구나 녹차를 떠올리지만, 실제로는 근대식 다원을 개발한 이후 주로 홍차를 생산하였으며, 1988년도에 이르러서야 녹차 생산량이 홍차를 뛰어넘게 된다.

대한뉴스(1962년 8월 25일 대한뉴스 제379호)는 1962년 8월 12일 대한홍차공업주식회사 보성 차공장이 준공하여 연간 75,000관을 가공해서 15,700관의 홍차를 만들고 수출하게 되면 연간 수십만 달러의 외화를 벌어들일 수 있으며, 전라남도 보성마을 산 전체가 홍차 잎을 재배하는 전경 사진과 홍차 잎을 따는 부녀자들의 모습을 찍은 풍경 사진, 그리고 홍차제조공장에서 재배와 가공, 제조를 함께하고 있다는 기사를 싣고 있다.

일제 강점기 경성화학공업㈜은 보성군에 9만 평에 이르는 차밭을 일구었는데, 홍차에 적합한 인도품종 '베니호마레종'을 심어 전국 최초로 대규모 다원을 조성하였다. 해방 후 1957년 장영섭에 의해 인수되어 '대한홍차공업주식회사(현–대한다업)'를 설립한다. 1961년 '특정 외래품 매매 금지법(1961년 9월 1일부터)'이 시행되자 커피와 홍차 등 외래음료 수입이 금지된다. 그러나 이미 커피와 홍차는 2대 기호품이었기 때문에 국산홍차 수요가 급증하였다. 대한다업은 일본에서 홍차 가공기계를 도입하여 홍차를 생산하였으며 대한홍차, 한국홍차, 동양홍차 등에서도 홍차를 생산하게 된다. 1974년 〈보성군 향토사〉, 1981년 〈내 고장 전통 가꾸기〉에 나오는 보성의 특산명물에는 '홍차'가 기록되어 있다.

1960~70년대는 녹차보다 홍차 소비량이 월등히 높았으나, 녹차에 적합한 남부지방의 찻잎을 이용한 고급 녹차가 인기를 얻게 되고 국산 홍차는 서서히 잊혀지다가 88년을 기점으로 녹차 생산량이 홍차를 추월하게 된다.

지금도 국산 찻잎을 이용한 홍차가 생산되고 있다. 대한제다의 보성홍차, 매암제다원, 몽중산 다원, 대채다원, 고려다원 등에서 홍차를 생산하고 있으며, 투명한 붉은 빛과 부드러운 향을 내는 홍차를 지향하고 있다.

한편, 국내 차산업의 활성화와 소비 촉진을 위하여 전남농업기술원에서 자체 개발한 유기농 홍차가 2012 국제농업박람회에서 좋은 반응을 얻었으며, 매암차문화박물관에서는 홍차 제다교실을 열어 홍차 제다교육 및 체험프로그램을 운영하고 있다. 앞으로 국산 홍차의 영역이 더욱 넓어지기를 기대한다.

이 책이 나오기까지 취재와 사진 촬영에 도움을 주신 분들께 감사드립니다.

서울 방배동 홍차전문점 티에리스 (www. tieris.com)
서울 인사동 고전문화 (http://www.wellbeingtea.net)
서울 중랑구 한국차문화협회 동부지부 (http://cafe.daum.net/g-tea)
서울 동선동 차생활연구원(다우삼매) (http://cafe.naver.com/tnlife)
대전 내동 보림다례원 (http://cafe.daum.net/teawastory)
대전 노은동 홍차전문점 Garden of Spring (http://blog.naver.com/ibonita)
유럽자기 박물관 (www.bcmuseum.or.kr)
하동 매암차박물관 (http://www.tea-maeam.com)
다즐링 Singell Tea Estate, Makaibari Tea Estate, Goomtee Tea Estate,
Happy Valley Tea Estate, Castleton Tea Estate
아삼 Sonaguri Tea Factory, Kaziranga Resort Tea Garden, Diffloo Tea Estate, Amalgamated Tea Estate
델리 Vasant mantri Pekoe international Top quality Tea
무나르 Ripple Tea Museum, Tea valley Resort
대만 南投縣政府觀光課, 南投縣 漁池鄉農會, 行政院 農委會茶業改良場 漁池分場, 竹映茗茶,
日月老茶廠, 森林紅茶,
Smith&hsu

아울러 인도 홍차다원 여행을 함께해주신
선업 스님, 보영 스님, 백비 스님, 이광용, 이광희, 이막동, 홍소진, 정연경,
김정숙, 백순화, 황유연, 문기영, 여진숙, 이정호 님.
대만 홍차다원 여행을 주선해주신 羅玉州, 葉振偉, 蔡昇樺, 葉金龍, 黃亞力님께 감사드립니다.

사진 제공
인도 Dhananjay Roy, Singil tea mr. Husain / 김태연, 강수영, 손원문 / 유럽자기박물관

참고문헌
《차의 세계사》, 베아트리스 호헤네거 지음, 조미라·김라현 옮김, 열린세상, 2012.
《홍차의 세계사, 그림으로 읽다》, 이소부치 다케시 지음, 강승희 옮김, 글항아리, 2010.
《티소믈리에 가이드 1, 2》, 프랑수와 사비에르 델마스·마티 미네 외 지음, 한국티소믈리에연구원, 2013.
《나만의 블렌드티가 있는 홍차가게》, 이소부치 다케시 지음, 은수 옮김, 알에이치코리아, 2010.
《홍차 이야기》, 정은희 지음, 살림, 2007.
《중국차의 세계》, 김경우 지음, 월간다도, 2008.
《녹차문화 홍차문화》, 츠노야마 사가에 지음, 서은미 옮김, 예문서원, 2001.
《홍차를 만나는 여행》, 서지연 지음, 형설라이프, 2009.
《역사 한 잔 하실까요?(여섯 가지 음료로 읽는 세계사 이야기)》, 톰 스탠디지 지음, 차재호 옮김, 세종서적, 2006.
《기호품의 역사》, 볼프강 쉬벨부시 지음, 이병련 옮김, 한마당, 2000.
《TEA COMPANION》, Jane Pettigrew & Bruce Richardson, Benjamin Press, 2008.
《紅茶の教科書》, 磯淵猛, 新星出版社, 2009.
《紅茶事典》, 磯淵猛, 新星出版社, 2008.
《紅茶の基礎知識》, 枻出版編輯部, 枻出版社, 2011.
《紅茶コーディネーター養成講座》, 磯淵猛, あるて出版, 2009.
《The Book of Tea》, Anthony Burgess, Flammarion, 1991.